「加治丘陵さとやま自然公園」麓で暮らす
いるまの動物風土記

比留間一男

さきたま出版会

熊谷
秩父
川越
さいたま
所沢

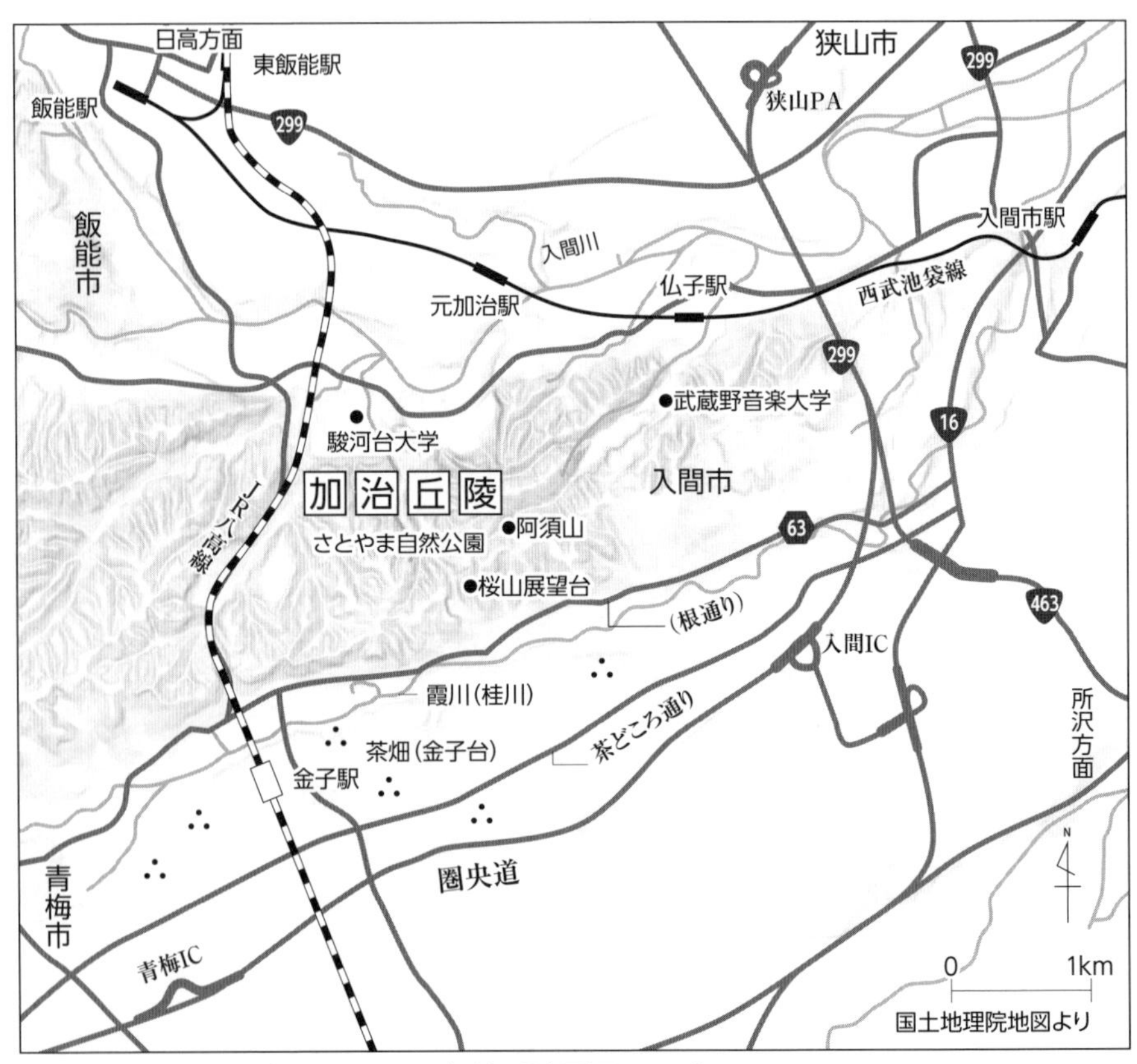
日高方面
東飯能駅
飯能駅
狭山市
狭山PA
299
飯能市
入間川
入間市駅
元加治駅
仏子駅
西武池袋線
武蔵野音楽大学
16
駿河台大学
加治丘陵
入間市
JR八高線
さとやま自然公園
阿須山
63
桜山展望台
(根通り)
463
入間IC
霞川(桂川)
所沢方面
茶畑(金子台)
茶どころ通り
金子駅
圏央道
青梅市
青梅IC
0
1km
国土地理院地図より

加治丘陵周辺マップ

目次

Ⅱ　馬耳東風集

Ⅲ　入間地方の産業動物

はじめに

「K2地域」と格好良く呼ばれる地帯がある。首都圏近郊地帯は物凄いスピードで様変わりする。

埼玉県西部の圏央道の沿線10市町を総称して将来展望を見据えた表現で、圏央道（首都圏中央連絡自動車道）のKと活性化のKから名づけたと言う。圏央道は、首都圏中心部から半径40キロメートルから60キロメートルを環状に取り巻く高規格幹線道路で、経済大動脈として平成8年（1996）青梅・鶴ヶ島間が開通、延長が図られ関越道と連結、平成19年（2007）中央道と連結、順次東名高速、東北道、常磐道、東関道などの放射線の幹線道路と結ばれ、東京湾アクアラインとつながる総延長300キロメートルの環状自動車専用道路で、従来の東京環状（国道16号）を補完する重要な路線である。いまや青梅ICの北側農地の工業用地変更計画が浮上してきた。物流機能の拠点化は、先端産業の集積を促進しハイテクのメッカを形成する。武蔵工業団地は、農地の環状道路に隣接する狭山飛行場跡地の革新的な活用について、終戦後の食料増産に対応した入植や増反の時期を経て昭和31年（1956）武蔵町制移行に伴い将来を見据えて計画され、基本的に飛行場跡地の東側を工業団地に、西側を農業・畜産団地とした構想である。武蔵工業団地は昭和41年（1966）造成、昭和44年（1969）竣工した。

武蔵工業団地はまさに工業専用地区であり、機械工業系や食品製造系、エレクトロニクス、メカトロニクス系の生産は実績を積み重ねている。さらにその西側に、狭山台地区区画整理事業が圏央道の開通に合わせるように計画され、平成5年（1993）81・2ヘクタールが認可され、平成8年（1996）

から工場誘致が始まり、ほぼ北側半分を工業専用地区に南側を住宅専用地区として計画開発された。このことから、入間市内最大の工業専用地区が誕生し、陸軍狭山飛行場跡地のほぼ7割を占め、入間ICを近くに控え、生産拠点としての重要度を増している。加えて近くに大型商業施設が開店し、商工織り交ぜた展開を見るに至った。現在、飛行場跡地の残り3割が農業用地として多くは茶園、野菜畑、牧場や牧草地類、養鶏業に活用されているが、かなりの部分で、かつての畜産宅地の用途外転用が進み物流や製造系に供されている。

首都圏近郊都市として地域の産業が変遷する過程を、かつて広大な陸軍飛行場跡地の立地様相の変化を主体的に捉えながら、地域の畜産全般と養豚の発展に寄与した子豚家畜市場の役割と地域の動物にかかわる体験的な話題を通じて都市発展過程の変遷を考察した。なお、「狭山飛行場の変遷をたどる―地域の記憶を記録する―」の調査ノートが入間市博物館紀要第10号で発行されていることを付記する。

奥多摩の雲取山から脈を引く金子山を今は加治丘陵と呼ぶが、往古から桂川（霞川）沿い住民に密着した里山である。『新編武蔵風土記稿』に金子郷桂庄八瀬里と記載される荘園があった。武蔵野台地の金子台は、穀物・桑・茶の時代を経て畜産と有機的に結合した狭山茶と野菜の主力産地である。金子山は高度成長期を経て今は「さとやま自然公園」として多くの人々に親しまれる。祖先が拓いた地で山野の仕事をしながら折々にしたためたものを風土記とした。

「加治丘陵さとやま自然公園」麓の寓居にて

著　者

I 入間は古代ロマンの里

入間は古代ロマンの里

入間はロマンに満ちた場所だ。金子郷は桂庄八瀬里として地名を冠した桂川（霞川）にかかる八瀬橋が名残をとどめる里だ。霊亀2年（716）に高麗郡が置かれ、応和2年（962）左近エ中将金子武蔵守平行長勅命により武相州武士棟梁となり武州金子邑に下り城郭を築き城下の在名を持って氏となす（白鬚神社由来記）とある。郷は律令時代の地方行政の末端の単位であり、八瀬は比叡山西麓の高野川に臨む集落で朝廷の重要な儀式に奉仕したことに準じた呼び方であろう。中世荘園・郷分布図（『新編埼玉県史図録』　埼玉県編）で入間市域は金子郷のみが記載される。武蔵七党の金子十郎家忠公の本貫地であり鎌倉幕府に貢献した。金子中学校の校章は「対揚羽蝶」だ。戦国時代の小田原北条氏支配を経て江戸時代は、幕府直轄の知行地であった。作家・国木田独歩『武蔵野』の雑木林は叙情的ファンが多いが、古代万葉時代の東歌に武蔵国から九首が選ばれている。そのうちの二首と相聞の一首が入間にかかわると思われる。

入間道の大家が原のいわゐつら　引かばぬるぬる吾にな絶えそね　（万葉集巻十四　三三七八）

古代の官道入間道にある大家ヶ原の池に生えているジュンサイを引くと素直に寄ってくるようにあなたもこのように寄り添って欲しい。

崩岸の上に駒を繋ぎて危ほかど　他妻児ろを息にわがする　（万葉集巻十四　三五三九）

阿須（崩崖）の危ない上を馬で行くように、危うく不安だがあの他人妻に命がけになって息も出来ないほどだ。

高麗錦紐解き放けて寝るがへに何どせろとかもあやに愛しき　（万葉集巻十四　三四六五）

高句麗の渡来人が持ち込んだ高度な高麗錦の紐を解いて、寝るのにこの上何をしろというのか。相聞の艶やかな情景を想わせるに十分である。

どれも古代ロマンに思いを馳せた万葉碑がある。狭山市には入間道の表現と旧町名から、日高市には高麗錦から、越生町と坂戸市には大谷が原の地名から、飯能市には阿須の地名と入間川の浸食地形から考証推定した碑が険しい崖に向かって入間川河岸の万葉公園に建立されている（Ⅰ扉写真）。武蔵国から自然銅の献上は飛鳥時代の改元（和銅元年・708・続紀）にまでさかのぼり、間もなく東国七国の高句麗人を集め、武蔵国に高麗郡を置く（霊亀2年・716・続紀）とされ、高麗王若光にちなむ白鬚明神が各所に鎮座し今に及ぶ。奈良時代には前内出窯（市内仏子）で須恵器が、平安時代に東金子窯跡の新久・八坂前窯跡からは須恵器とともに国分寺再建塔の瓦を生産し「入間」の文字瓦が新久窯跡から発見され、『続日本後紀』の承和12年（845）と確認された（「埼玉の古代窯跡」・立正大・2003）。須恵器は主に渡来人が製作し、近隣遺跡物は東金子産が発見されたが、国分寺再建の完了と律令の弛緩で衰退した（「遺跡の立地と環境」・狭山市）。また、この頃、行路病者の救助のために武蔵国多磨・入間両郡の境に悲田所を置く（続日本後紀）として救済策を講じている。さらに出雲祝神社の古社創建や金子の武蔵武士村山党の金子十郎家忠公の遺跡は平安時代の歴史を伝えている。

律令時代の牛馬の位置付けは武士と牧の発生が関係する。牧は大和政権の一大プロジェクトで東国に広がりを見せ、渡来人と密接なつながりがある。後に東国の牧から多くの武士団が形成され歴史に深く関わってくる。西三ツ木の馬頭坂は牧の存在を思わせるものだ。牛は貴人用の牛車や農耕用に用いられているが、馬のような俊敏さはない。律令社会で駅鈴をつけた駅馬が活躍し、やがて宿場へと発展する。律令制のもと東国の貧しい防人の多くは、命令に従ってはるか彼方の任地筑紫まで徒歩や船で往来した。万葉防人歌が憐れを誘う（万葉集巻二十）。入間道は中央政権につながる重要な道で所沢市に遺構がある。

　金子山は秩父山系の雲取山（都内最高峰２０１７メートル）から入間市高倉へ脈を引き、今は加治丘陵と呼ばれるようになった。首都圏近郊緑地保全地域としてサイクリングコースの設置から旧瀧澤公園（瀧澤吉三郎寄進）に桜山展望台設置（市制20周年記念事業）を母体としてさとやま自然公園の整備が進んでいる。戦後の国土緑化政策の植林推進の時期を経て、昭和40年（１９６５）以降の国際競争による木材価格の低迷とエネルギー転換および松の立ち枯れは林相の変化と山林荒廃の引き金になり、高度成長期の到来で土地の一部が残土廃棄物処理の標的となった。昭和62年（１９８７）加治丘陵保全等研究会が地権者56名で設立され、その後平成10年（１９９８）さとやま計画が策定された。長期的展望に立ち、今や環境重視の時代、市民や地権者の研究協議を経て行政が主体となり、「さとやま自然公園」として公有地の拡大とともに環境整備が進みつつある。森林管理はボランティアに負うところが大きい。地球温暖化と森林と川の再生から生物多様性への貢献が期待される壮大な実験が進行している。また、炭素排出の抑制の時代となり、建築資材として木材の見直しが始まりつつある。

「阿須山」と呼ばれる入間市大字上谷ヶ貫字北真込谷にある二等三角点は、海抜１８８・７メートル（埼玉百名山　１００番目）で飯能市阿須、入間川の浸食地形の崩岸・通称「あずっぱけ」に隣接している。真込谷は南北の２ヶ所の小字から形成されている。戦前に亜炭の採掘が行われ坑道の痕跡が見られる。古代に馬を育成する適地であっただろうか。「真込」は「馬込」に通じ、古い上谷ヶ貫村の検地帳には「まがめ」で記され険しい崖下の秣場と馬の群れる「牧」が連想され

写真１　高麗建郡1300年記念パレード 日高市 （2016）
七色古代衣装3000人の喜々とした行進　ゲートに「渡来から未来へ」と描かれている。

る。ましてや万葉の駒歌はロマンを誘う。高麗建郡の前後の頃から「健児（こんでい）」による兵役廃止までのしばらくは防人の時代であった。古代の在来馬は古墳時代に朝鮮半島から渡来して広がったとされる。在来馬の体高は小型で１１５センチ、中型で１３０センチ、映画やドラマの大型馬は虚像であり（小佐々学「日本在来馬と西洋馬」日獣会誌２０１１）、やがて強力な武蔵七党の誕生と戦力としての軍馬が登場する。

平成28年（２０１６）、高麗建郡１３００年を迎えた。古代人の系譜を引き継ぎながら、武蔵野の開発に汗を流し、さらに防人として筑紫に派遣されたであろう先人達の熱いロマンを記念碑文に感じたい。日高市民総出の古代衣装老若三千人のパレード（写真１）は見事であった。その後、平成29年（２０１７）天皇皇后両陛下の御来臨を仰いだことは、市民の誇りと名誉なこととして語りつがれている。

（平成三十年）

擬人化のネコ

残暑の厳しさは観測史上初めてのことだとメディアは盛んに「炎暑」という文字で大きく報じている。フィリピン方面のラニーニャ現象の影響で高気圧が列島にどっかり座り込んでいるからだと、専門家は1000年に一度の現象だと説明する。屋内飼育で5キロを越えた今年9歳の雌猫が、寝ているご主人の上に跳び乗り、覆いかぶさられるとさすがに苦しいとうれしそうにこぼす。格別の暑さでエアコンに加えて扇風機も用意した。満足そうな顔をしているが、時間を見計らって器用に前肢の爪でスイッチを切ることを覚えた。そこで頃合を見計らって「自分でスイッチを入れますか」と尋ねてみた。「このヒトはまだそこまでしません」と飼い主さんの至極真面目な返事が返ってきた。実に擬人化の話なのだ。ネコ好きで4匹飼っているがこのネコと相性がいいのだそうだ。ネコ可愛がりで栄養障害からカルテの書き込みは多い。偏食で困るそうだ。飼い主さんはこの暑い夏に汗だくで仕事に励み、ペットは冷房完備の屋内で留守番という現象が至極当たり前になってきた。美味しいものを食べて動かないと便秘になりやすい。便秘薬の処方がしてある。お姉ちゃんが、お兄ちゃんがとネコ達と一緒の生活を楽しみ、一日の生活ぶりを事細かに語ってくださるネコ好きの奥さんだ。

ヒトは高齢化社会を迎えてケアする病院や施設は、いつも待ち状態だと聞く。高齢者ケアで便秘予防薬を用いるそうだ。同じように名前を呼びながら予防薬を飲ませる生活を送っている。秋になると道端のネコジャラシ（エノコログサ）の穂を色づけして花瓶に挿す。真ん中に本物のネコの毛をつけたネコ人形をすえつけ愛嬌たっぷりだ。

擬人化すると人格を認めたくなるようなケースも出てくる。お正月にお小遣いをあげて預金通帳をつくり、はては相続の話まであった。

（平成二十二年）

ペットの御霊

正丸峠は旧道下の山林に多数のペットの死体が遺棄されているのが発見されて大騒ぎになった。ペットが死亡し葬祭業者に火葬を委託したところ、供養どころか峠の淋しい私有地の傾斜した山林へ路上から投げ捨てていたようだ。発見された数は随分と多く五百体を越え、何年にもわたって行われていた。人の場合だと明らかに死体遺棄で重大な刑罰になるが、この場合は死体の不法投棄で廃棄物処理の違法性と、葬祭委託者への詐欺行為となり、裁判では「利益を最優先に考えて供養料を詐取した」と認定し有罪となった。決して許せない行為として「愛犬を慈しんできた人たちの心をもてあそんだ。愛犬のためにも供養してください」と説諭しています。ましてやこの業者は県内の議員に任じられていたほどの人物である。ペットの葬祭業は、新しい分野の業種で法律上の整備もできていないのでこの空隙を狙われたようだ。

メディアによれば遺棄された飼い主たちは、チームをつくって遺体を何日もかけて収容し、改めて供養をしているという。業者間の料金競争が引きおこしたとも聞く。被害者たちは会組織をつくり、山奥の険しい坂を降り遺骨の収集を進めるとともに慰霊碑を建立している。「大切な子どもや兄弟姉妹である動物に取り返しのつかないことをされ、納得できない」として民事提訴の方針だと報じている。人と共に生活したペットの御霊にどのようにかかわるのが望ましいか、この機会に動物愛護法の改正も視野に入れながら、獣医師会はペットの死に対する望ましいあり方の検討を進めている。関東地区獣医師大会で埼玉が提案し「市民が安心して依頼できるペット葬祭業の確立」が採択決議された。

（平成二十二年）

シカの転落事故

奥武蔵連山の谷底にシカらしいものが動かないでいる。もしかすると死んでいるかもしれないという。近くの市民からの通報が役所に入った。現場を見に行ったが、その対策をどうするか悩んでしまった。とても収容するどころの話ではない。谷底深く降りるのも無理なのだ。

さて、どうするか。天然記念物のカモシカの生息圏でもあり個体確認だけでもしておきたいと、通報してくれた市民の感情や衛生上の問題を考えた場合、「最低埋却だけでもしてあげたいものですね」と答えておいた。ただし、二次災害の危険が伴うようであれば消防署に相談してレスキューの知恵を借りたらいかがでしょうと伝えておいた。もちろん野生動物のことだから、もしもの場合、他の動物の餌になることは自然の理にしても下流にある民家の水路への影響も無視できない。翌日確認に行って驚いた。どこにも居ないのだ。息を吹き返してどこかへ移動したかと考えたがそんなはずはないという。間もなく近くでクマ出没の情報が来た。柿の木の枝に居座って実を食べているのを見たという。また、学校近くの栗園にクマの大きな足跡があった。危害防止の無線広報が出て、子ども達は鈴を付けて登下校となった。餌になるものを置かないし見せない、音を出して人に近づけないことだ。多摩地方の猟師が来て、目撃情報で東京から山越えをして埼玉側に移動したらしいという。猟友会が出動したが見つからなかったそうだ。どうやら谷底のシカは夜中に餌食になったらしい。今年の夏は暑すぎてどんぐりの実が少ないしクマは冬ごもり前に何でも食べるのだと聞かされた。

全国的に出没が多く、人への危害で射殺事例も出ている。出没地域の農地は「作付けには注意を！　電気柵の設置を！」と呼びかけを受けているようだ。

（平成二十二年）

レスキューさんありがとう

「水難孤立犬」が発生した。ゲリラ豪雨状況で一気に水かさが増した桂川の川岸に、かろうじて流されないで助けを求める柴犬が発見された。対岸の民家の主婦が発見して何とかしてくれと駆け込んできた。防護フェンスで囲まれ水かさが増した川へどうすれば降りられるかが問題だった。ギャラリーは事の成り行きを見るだけで危険な川へフェンスを乗り越えて降りるどころでない。素人の救助で二次災害でも起きたらと疑念がちらついた。やっぱり、人命救助ではないが犬命救助で消防レスキューをお願いするしかないと、市役所へ通報し早速消防レスキュー出動となった。レスキュー隊員は縄梯子（なわばしご）でフェンスを乗り越え、流されないようによく頑張っていた犬に声をかけながら抱きかかえ、上手に梯子をのぼり救助は成功した。固唾（かたず）を呑んで見守っていたギャラリー達はホッと胸をなでおろした。警察もパトカーでやって来たが事情を聴くだけで帰った。収容されたこの水難犬はその後のケアに2週間を要したが、やがて引き取られていった。水かさが増した川を見ると元気でいるかと時々思い出すのだ。

（平成二十一年）

桂川の岸辺を散歩中の男性に同じような事例が起こった。シバ系ミックス犬が川に浸かって動けないでいるのを発見した。首輪をつけているが食い込んで発赤し全身汚れて弱っていた。誰も手を出さないのでふびんに思った男性は、川に入って13キロをこえる犬を抱きかかえ、ようやくの思いで自宅へ連れ帰った。夫婦でへばり付いた汚れを丁寧に洗い落とした。脱水衰弱して全身症状を示していたが次第に回復し、しばらくして家の犬になったと一安心した。ところが、間もなく話を聞いた隣町の飼い主が見えて、リードをつけたまま逃げ出したと引き取っていった。保護時、警察や保健所へも連絡を入れておいたのが効を奏したのか、このような保護事例は珍しくはないが、首輪に身元を示すものが是非にも欲しいものだ。話によると、また逃げられたとか。チップ以前の話だ。

（平成三十年）

金子台に広がる茶畑から加治丘陵を望む　中央は桜山展望台（写真提供・入間市観光協会）

サギヤマコロニー再現

鷺の名の付く地名はあちこちで見かけるが、そこに住む人達は意識してサギにお目にかかることがあるのだろうか。ちなみに東京近辺では中野の鷺宮、群馬の安中にもある。探してみると鷺山、鷺水、鷺洲、鷺巣、鷺沼、鷺谷と本州や四国地方まで各所に分布している。鳥の名前を冠する都市や橋の名前も多い。由来はほとんどがその地域に群生していたことからだろう。鷺以外でも雀宮、鶯谷、鳩ノ巣、鴻巣から初雁橋と多くがあり、県や市町村の鳥を入れると相当の数になる。地域の生態系の変化や人為的な行為によって名前は残るが本物の鳥を見なくなった例は多い。

さて、入間地方の西多摩に近い農村部で民家の平地林に十年位前からアオサギがやって来て集団営巣（コロニー）を始めた。それ以前は桂川辺に少ないながらコサギやゴイサギの飛来があった。やがてアオサギは数を増してきた。はじめのうちは景観として好意的に捉えていたが、個体数の増加はやがて排泄物によるのか、樹木の枯死が始まり林相を変え始めた。排泄が盛んで手入れもままならない。ところがある日を境に数百メートル離れた場所の似たような林相の林へ引っ越して行った。数十羽がいくつかを残して移動したのだ。移動先にはリスやコジュケイが住み着いているが上手に住み分けしているようだ。県道が近くを通り、自動車の通行量も多いが意外と高みの見物を決め込んでいる。また、林脇にあるゴルフ場の池は格好の水のみ場を提供している。さて、餌場は近くの桂川か、加治丘陵を飛び越えて入間川へ行くか、南は狭山湖も近く絶好の餌場だろう。魚を見つけると長い頚を伸ばして狙いを定め、一気に嘴でくわえるか、突き刺して捕らえカエルやトカゲも食べる。施肥後の畑地で集団になって餌探しするのを見かける。動物食の昆虫を探しているのだろうか。近くに車を止めると、運転席から降りるのをためらってしまう。全長だと一メートル近いのが一斉に飛び立つからだ。朝夕2羽ぐらいが並んで飛びながら「グア」「グァン」と大きな声を出すので姿を見なくとも、出かけるのと帰りを聞き分けることが出来る。最近、アオサギのほかコサギ、チュウサギ、ゴイサギの保護にかかわったが、カルガモの繁殖地だけにカワウの飛来もあってドジョウ、ハヤ、メダカ、などの生息数の減少を気遣うこの頃である。大きい鯉も沢山いるが相手にもなるまい。数年前からカワセミも見かけるようになった。

夏のこと、飛び始めた幼鳥が、近くの牛舎に飛来して留まりそうになった。牧場主が毛布で捕え、営巣地に運んで放鳥したが、今のところ戻って来る気配がないのでほっとしている。今もサギヤマはアオサギとコサギが仲良く住み分けている。

（平成二十二年）

おとしあな

おとしあなは地上の獲物を狙う昔から使われる忍法的な方法だ。終戦後、イモやウドの貯蔵用にいわゆる「さつまあな」や「うどあな」と呼ばれる深さ数メートルの縦穴が掘られ横穴を付けた。戸別に作るので数が多い。危ないので蓋がしてあるが、これが落とし穴の原理だ。うっかり乗ると老朽化で墜落してしまう。酸欠で危険な目にもあう。出し入れに便利なように農道脇に作られていることが多い。自転車で飛び込みそうになったのもあれば、子どもが墜落したのもある。果ては、穴の中で仕事中に梯子を上げられ置き忘れられたのもある。泣いても叫んでも人通りの少ない田舎道では悲惨である。今でも見かけるが危険のないように工作がしてある。夜になるとノウサギやネズミが活動して間違って落ちるが、這い出せないで貯蔵物を食い荒らす。これを捕まえるのも南京袋を被せるが容易ではない。

酪農家は、地下サイロを備えている。自給飼料用に半地下式が多く作られた。深さも数メートルあるので落ちると出られない。乳牛が落ちた例では帯掛けをしてショベル・ローダーで吊り上げた。５００キロ以上もあるから機械が逆立ちしないように吊り上げるのは、オペレーターの腕が頼りだ。

さてこの夏、なんとタヌキが落ちてしまった。まだ子どもで毛並みも良い。飼料の吊り上げはモーターを使うので底まで届く梯子（はしご）の用意がない。仮にあったとしても捕獲しなければならないから危険が伴う。しばらく空き状態にするので餌と水を用意して吊り下げ、毎日面倒を見ることにした。そろそろ２週間ぐらいになり人が近づくと底の隅からジッと見上げて警戒している。やがて飼料を積み上げる頃には跳び出せる高さになるだろう。勝手に飛び込んだタヌキだが農家さんの気持ちと時間にゆとりができたようだ。

（平成二十二年）

角隠し

結婚式で和装の角隠しは、俗説では女性の感情過多を戒めたとされるが、古くからの習俗を儀式化したのだそうだ。角は身を守るために先祖から遺伝的に授かった貴重な護身用具である。「鹿（牛）の角を蜂が刺す」の諺どおり、なんとも感じない備えの頑丈な道具である。しかし、それがあると人間は不都合だとして邪魔扱いにする。もちろん、雄にしかないシカの角は4月ごろに落ち初夏には袋角が出る自律型で年数と共に枝数が増える。繁殖期を控えた10月、危害防止の「春日の角伐」は有名である。ところが一般に飼われるウシは雌雄のどちらにも生えるが、ヒツジやヤギは品種によって有無がある。インドネシアのラウエシ島にいる野生の珍獣でイノシシの仲間バビルサの雄は、角と間違えるほどの二本の牙を鼻の上に突き出している。

さて、ウシの角は集団飼育には特に危険だとして、角になる部分の皮膚を薬品あるいはヒーターで焼き切ったり、生えて伸びた角を切り取ったりする。除角という表現が一般に使われている。後者だと不恰好な角が再生するが危険率が低くなる。屋久島ヤギのような角が太くしっかりしているものは、頭の相当面積を焼き切っても生えてくる。いかに占める面積が大きいかが分かる。専用のカッターで切断するが、覚醒時の頭痛を思うと気の毒にもなる。しかし、パドックの集団飼育や発情時の安全を図るにはもってこいのテクニックで、もはや角隠しは用がないのだ。安心して仕事が出来る。

近くのコリデールとサフォークのいる農家で珍しい品種を導入した。野生の図鑑でしか見たことがない頭に巨大彎曲角２本、側頭部に円彎曲角２本のあわせて４本の角を持つマンクス・ロフタン（写真２）や実に巨大な２本の前方彎曲角で角輪が30もあるムフロン系雄がホワイト・サフォーク系と思われる群と同居していた。珍しい４本角の「泗水裘皮羊」は中国山東省で毛皮用に飼われている。角隠しどころか、闘いで生き残るために顔面をしっかりとガードするすさまじいまでの自然界の野生の姿を見せ付けている。

近くの幼稚園の交雑種ヤギの角が湾曲して伸び、頭蓋にめり込みはじめた。堅く伸びて切断にグラインダーを使うことにした。危険を伴うので麻酔下で行ったが、見物のおじさんから「まるで大工さんと変わらないですね」と親しみ深く声を掛けていただいた。

（平成二十二年）

写真２　４本の角を持つマンクス・ロフタン（2010）
頭の巨大角２本に加えて目の下から小さい角が後方に湾曲。

ムクドリの雨宿り

夕暮れになると地面で餌探しをしていた群れが毎日同じ送電線や鉄塔に集まり、そこからねぐらの林へ一斉に飛び立って行くが、集団群舞は上下左右、さらに立体的で見事な統率力を示し見ていてあきない。激しい雨の降り続く翌日の早朝、人家に近い電線に止まっていた。いつもいるカラスが追い出されて近くの木で鳴いている。餌を探しに朝立ちしたのが雨で途中下車したのだろうが、翌日は雨も上がり、来ているかと見上げても姿はなかった。やはり、雨が降っての途中休憩ということだったのだろう。ただし、道の真上だけにうっかり上をのぞこうものなら、顔の上に「おまじない」を落とされかねない。地域によっては美しい鳥の群舞というよりは鳴き声と排泄物の多さに公害として、カラス並みの対策が求められた悲劇の街もある。民家の密集地での扱いも取りあげられてきた。集団で止まっていた電線の中間に大きなムクノ木が枝分かれしてそびえていたが、通行に邪魔だと枝を切り落とされて幹だけになった。葉の裏側のとげを利用して剝くからムクノキとなり、その実を食べる鳥からムクドリと名づけたと聴かされたが、この地域に野生ムクノキは多い。因果関係はいかに?

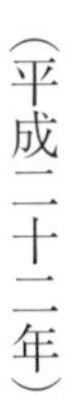
(平成二十二年)

ヤギの親子

赤道を越えるウシ

外国から育種や食用、愛玩などで国内に持ち込まれる動植物は検疫を受ける。野生種はワシントン条約で規制対象種も多い。もちろん輸出国の出国検疫証明つきであるが、指定港で臨船検査の後畜舎へ収容して個体確認され、一定期間検疫所で係留して検査する。臨床検査、採血・採材(血液・血清学・微生物学)、皮内反応で総合判定され国内に運び込まれる。その期間は動物種によって決まっている。例えば偶蹄類だと15日、ウマだと10日、サルに及んでは30日となっている。当地方へは改良用にウシではホルスタインやブラウンスイスが、ブタはランドレース、大ヨークシャー、バークシャーやデュロックあるいはハンプシャーが輸入された。ニワトリの雛もあった。飼い主は検疫所へ引き取りに行ったものだ。

牛肉自由化は平成3年(一九九一)からであったが、

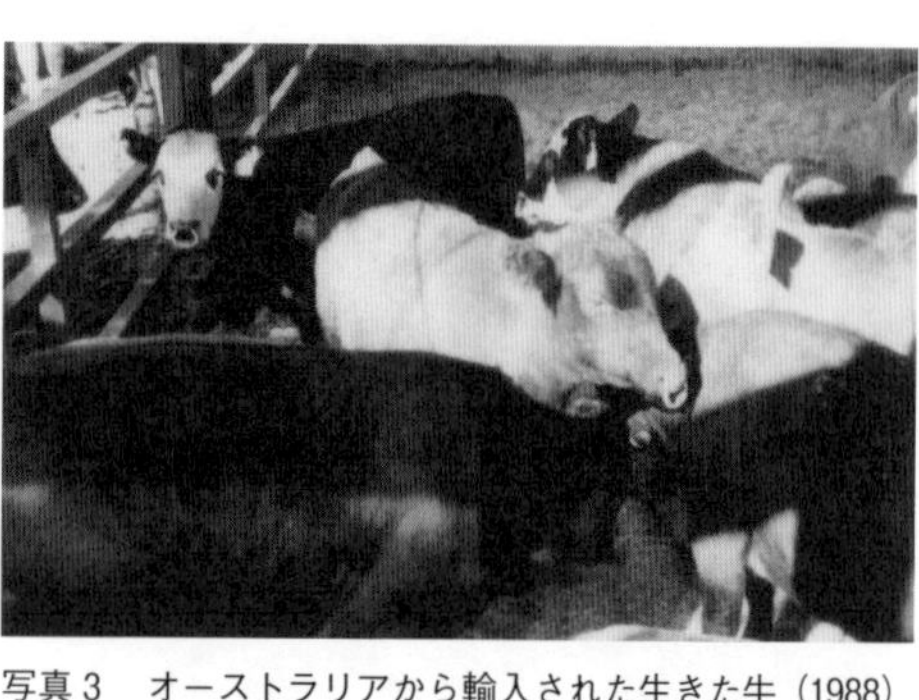

写真3　オーストラリアから輸入された生きた牛（1988）
鼻環は輸入条件で輸出国が装着　自然交配でパンダ顔のもいる。
マレーグレー、アンガス、フリージアン、クロスなど粗暴強健で肉質は堅く食肉処理には特別施設が作られた。

それ以前に生きたウシの自由化が解禁になった（写真3）。多数頭の肥育素牛がオーストラリアから赤道を越えて家畜輸送船でやって来た。昭和63年（1988）がピークで、放牧畜を取り込んで連れて来るのだから取引価格は安い。一度に輸送車一台で20頭ぐらいが大挙して導入された。車から降ろすには、先頭が誘導して見事な集団行動を取る。誘導を間違えるとパニックになり大変だ。粗暴で強力な力を持つ野生味満点で人の力で抑え込むのは容易ではない。品種名も英語で書かれマレーグレー、フリージアン、アンガス、フェレフォード、さらにクロスがあるのには驚いた。自然交配なので表現型で記したようだ。まるでパンダそっくりの顔をしたのまでいた。保定しやすいようにプラスチック製の鼻環がつけてあるが、これも日本側が製品を持ち込んで装着を条件付けしたのだと聞いた。診察時にはやむを得ず鎮静剤を使った。

農場に到着後3ヶ月間、着地検査に立ち会ったが、固有の皮膚病を発症のものは、消毒薬の噴霧で対応した。食欲旺盛でどれも粗食に耐えるが、肉質を期待して穀物肥育にしたが成長の割には成果が得られなかった。おまけに粗暴な性質は相変わらずで、出荷時や食肉処理場での暴れが目立ち、ついに特定処理場が作られる破目になった。国内での肥育期間が3ヶ月を超えるので国内産で流通したが、やがて食肉自由化の波に飲み込まれ当地では立ち消えとなった。それでも昨年は国内1万頭を越える素牛が輸入されている。その後、オーストラリアからの輸出は、インドネシアの経済成長に伴うフィードロットの発達と副産物利用で熱帯気候に適するブラーマンや耐暑性が高いボスインディカスで堅調だという。

わが国では、乳用種のホルスタイン種と黒毛和種の交雑種が関東地方の家畜市場で主役となりつつあり、酪農の乳価低迷を底支えするとともに、海外食肉の輸入圧力に品質で対抗する時代となった。日本古来の食用専用主である黒毛和種、褐毛和種、日本短角種、無角和種に近づく新しい流通の位置づけを持つようになった。

（平成二十二年）

思いをかたちに

命あるもの、形あるものに素直な感謝の念をかたちにしたい。日本人の持つ素直な情念であろう。旧青梅街道小谷田には、石橋供養塔がある。往古の時代の生活にかかわる橋、しかも永久に滅びない石造りの橋へ寄せる期待が分かる。橋は向こう側への通過点であり渡るのに安全な石橋こそ貴重な存在であった。交差点の脇に据えられた素朴な自然石に供養の文字が刻まれている。思いをつなげて今も花が絶えない。心やさしい人々の生き様がしのばれる。形ある無機物に寄せる思いだ。

栽培系害虫駆除には昆虫供養塔が、動物の命にかかわる仕事、食肉処理場をはじめ家畜保健衛生所、保健所、家畜市場あるいは個人の牧場など、それぞれの思いの中から必然のようにいつの間にか建立され、人々に心の安らぎと感謝の念を培ってきた。口蹄疫に見舞われた宮崎の地に慰霊と再建を誓って畜魂碑が都農三地区共同埋却地脇1107頭、川南町孫・清水地区3万頭、新富町町営牧場2万1千頭、新富町神・春日地区569頭、日向市埋却地2ヶ所1495頭、西都市・畜産センター2万頭、都農牧神社1万7148頭、合同慰霊式・宮崎市民文化ホール29万頭に見るように日を追って地区毎に行われている。終息宣言を受けて総決起大会と合同慰霊式が行われた。「無念の思いで死んでいった牛や豚のためにも二度とあってはならない。みなが手を携えて畜産を営み、命のリレーをつないで行くことを約束する」と追悼の言葉を述べている。思いをかたちに、風化しないようにと農民魂を見せ付けられた出来事である。

いくつか眼に触れたものに、瑞泉院金子十郎家忠公一族の墓地参道に、天保大飢饉の頃、鳥獣供養石塔が町田源三郎（写真4）により、また所沢市林街道道端（田中養豚場）に享和（1801〜04）年代の馬頭観音像が祀られ、その隣に獣魂碑が建立されたが、道路の拡張整備にあわせて馬頭像の風化が著しいので、子息（田中洋光氏）の手で馬頭観音像が建立された。さらに、上藤澤の石田牧場の牛舎北面に立派な獣魂碑が牛たちを見守っている。近くの教育現場（都立瑞穂農芸高）でも「家畜慰霊碑」が鈴木俊一都知事の揮毫で昭和62年（1987）に建立されている。多くの大学や研究所でも命を捧げた動物たちに感謝と慰霊の花を手向ける。また、牛頭天王（ごず）（飯能市・竹寺）や馬頭観音（東松山市・上岡観音）への参拝は飼育関係者の団体行事例が多い。屋敷稲荷の祠に青石塔婆や馬頭観音像をみかけることがある。

（平成二十二年）

写真4　天保時代の鳥獣供養塔
天保7年12月　町田源三郎　(2022)
武蔵七党金子一族の墓参道にある。「為鳥獣菩提」と刻まれ諸国大飢饉で死者10万人の頃、動物への感謝が感じられる。

キジの親子

茶園の隣にカボチャ畑がある。秋の夕暮れ時、キジが一羽きれいに剪枝された茶株の上に留まってこちらの動きを見ている。雌の成鳥のようだ。こちらも動きを止めて熟した実がゴロゴロしているカボチャ畑を見透かす。一羽の幼いキジが盛んに餌探しの最中だ。親子連れ立ってのお出かけだ。茶園は上空の猛禽から身を守る隠れ場所にもってこいの場所である。ニホンキジは戦後国鳥に指定され、旧一万円札の裏に向かって左に雄が右に雌が刷り込まれている。写実的で現在の鳳凰像とはかなり違っている。戦後の鳥獣保護で禁猟区となり、放鳥もあって分布域を広め、繁殖期の里山や畑での鳴き声は当たり前となり、雌雄つがいで動き回る。巣立ちした兄弟キジが揃って行動を共にする姿は、ほほえましくもある（写真5）。野菜の種まき後や結実時に多少の被害はあってもうまく共生の関係を持ち続けている留鳥である。驚かさないように心がけているが、気が付かないで目の前で突然飛び立たれると、大きいのでビックリするのはこちらの方だ。自然繁殖は茶園の株元で抱卵し、巣を天敵や雨露から守る。キジの鳴き声を聞きながら当たり前に農作業に励むのはやはり武蔵野台地金子台の里だ。

（平成二十七年）

写真5　朝立ちの飛翔キジ♂　金子台
（撮影 常岡春雄 2016）
餌を求めて連れ立つ兄弟キジ（2015）

さとのみち「馬入れ」

さて、「馬入れ」とは何か。開かれた田園地帯や山林に当たり前にある公道なのだ。国土調査でほとんどの道幅が図面どおりで杭が打たれた。

改めて明治の地租改正図面を見直して分かったが、手車や役畜を引き入れるほぼ六尺幅のどの農地区画の筆にも入れるようにした管理用の行き止まりの道路として、認定外の公道が「馬入れ」だ。誠に妙を得た呼び名である。

地番もついていない。利用者は隣接農地を管理する耕作者である。したがって、土地が分筆によって出入り口の無い袋地にならないようにしなければならない。お互いのために最寄りで管理もしっかり行う。したがって、認定外公道であって公費で舗装修繕はできない。もちろん課税対象にもなっていない。自動車時代、管理に多くの営農車両やトラクターが行き交うが車両幅は六尺幅（181・8センチ）以下に納まっているはずだ。

「馬入れ」というこの用語がいつまで続くのか興味を引かれる。宅地転用時は、当然ながら規定に必要な道幅の不足分を道路に提供しなければならない。いわゆる建築後退だ。農地の土地取引に十分留意しないと、道に接しない、いわゆる袋地になって出入りに不自由する破目になる。

（平成二十一年）

馬の親子

帰れるかシベリアへ

鳥たちの渡りの季節がやってきた。南から北からそれぞれに季節の変化をめがけてやってくる。冬になるとツグミにあわせてカモもやってくる。近くの越辺川や川越の伊佐沼へはツルも来る。狭山湖や多摩湖は水鳥の宝庫でウォッチャーの人気の的だ。

初霜が降りて幾日か過ぎた頃、パトカーが病院にやってきた。車から降りた若いお巡りさんがダンボール函を両手で抱きかかえて入って来た。オナガカモのオスではないか。近くの桂川にはカルガモやマガモは相当羽数の生息を見るがオナガカモは初めてであった。路上で飛べないでいるのを近くの住人が保護して交番へ届けたという。翼の左肘関節を傷めており、どうやら飛翔中に外敵の攻撃を受けたようだ。傷の手当をしてしばらく経過を見た。餌付けにはすぐ馴れて沈鬱も消え羽ばたく姿勢になったが左右の均整がとれない。しかしながら、食欲は充分にあり自然界での適応行動を期待して試験的に放鳥することにした。数週間後、桂川のカモ生息地に放鳥した。この折、近くに住む人々の立会いが得られた。岸辺に放すと、早速わが意を得たとばかり、水に身体を浮かせたり潜ったり羽づくろいをして泳ぎだした。久しぶりの自由行動というところだろう。ぎこちないが両翼を挙げて飛ぶ練習のようだ。シベリアへ帰るまでには数ヶ月あるが、その間に左右羽のバランスが取れるだろう。

鳥インフルエンザがそろそろ話題となる頃でもあり、相当期間をとった入院中に検査した。その後、東大・樋口研究室の情報によると人工衛星でオナガカモの渡りを追跡しインフルエンザ感染ルートの「渡り鳥説」が裏付けられたそうだ。当然ながら放鳥後の在来カモに異変が無いことを確認した。

今季、北海道稚内で野生カモの排泄物やハクチョウ・富山県のハクチョウ・鹿児島県出水市に渡来したナベヅルなどからウイルスが検出され警戒が強化された。

養鶏場の発症は、島根県安来市（約2万羽）・宮崎市（約1万羽）・宮崎県新富町（約41万羽）・鹿児島県出水市（約8400羽）、さらに5例目が10キロ圏内に50戸・400万羽が飼養される愛知県豊橋市の近代的無窓鶏舎で陽性が見つかり、点から面への拡大が心配されている。豊橋市では一昨年、ウズラ農家で約160万羽が殺処分されている。防疫上、移動禁止を伴うだけに経済への影響が心配される。人体への心配はないと国はメディアを通して報じているが、鶏舎と食卓を守る闘いは続く。横断的官民一体の総力をあげた早期摘発に期待したい。

拡大化の傾向を受けて埼玉県は防疫態勢の強化に動き出した。入間市は前回の口蹄疫の防疫態勢に準じた対応をとり、養鶏農家6戸（約6万5千羽）と、公共施設（学校・幼稚園・保育所など）を横断的に防疫組織化した。現在、異常なく経過している。

（平成二十三年）

命の資源

人々は家畜がその飼養される目的を達成すると資源として受け入れる。しかしながら「いのちある生き物」である。まさに峻厳（しゅんげん）なる見えない命の終焉である。魚介類を生きたまま食べ、生きたまま天ぷらにするのと同じ次元で捉える。しかし、今や与えられる死の現場を見ることはない。

「命あるもの」としての飼い主のいないイヌやネコ、遺棄され新たな飼い主が無いとやむを得ないとして最終的には安楽死が与えられる。この数を減らそうとさまざまな保護や愛護活動がとられる。また、生態系保全や生活権を守るために侵略的なアライグマのような外来生物は捕獲される。

平成22年（2010）、宮崎県でウシやブタに感染した口蹄疫は、国家防疫により感染の拡大を抑えるために大量の殺処分が行われた。移動制限により域内埋却が29万頭に及んだが、幸い宮崎県内で封じ込められた。その後の韓国の発生は南下拡大し、翌年初頭の殺処分対象頭数はウシとブタをあわせると100万頭を超え、ワクチン接種対象も278万頭という驚くべき数字を示している。また、高病原性鳥インフルエンザ（HPAI）の病原ウイルスが、ハクチョウやカモあるいはツルのような渡り鳥によって国内に持ち込まれることが分かり、警戒中にある。ニワトリに感染すると当然ながら発生農場の殺処分が待っている。本来の目的に沿わない与えられる死は、いかにも人間のエゴのように思われてならない。当然ながら産業を守るためや人間の健康を守るため、あるいは生態系保全のための大義が前面に出てくる。

戦後から昭和46年（1971）の禁止まで一般家庭で畳の害虫駆除に農薬が使われ、40年以上経って古畳が飼料として給与されたウシの事例は、食肉のクロマトグラフ検査でDDTやBHCなどが家畜の体内脂肪に限界値以上に残留蓄積され、ポジティブリストの食肉不適格と判断される。食肉処理ができない事例では自主淘汰がやむを得ない選択肢となる。残念ながら飼料業者の流通前の残留農薬検査の不手際といわざるを得まい。穏やかに飼われていた牛は、目的を達成しないまま処分される。人の作り出した農薬による生命の無駄遣いが発生する。リサイクルの時代の「もったいない・安い」古畳の安易な利用が生み出した現実である。不特定多数の食を通した人の健康を守るという大義の為せる業だ。

いくつか動物の現実的な死のありようを記したが、動物を愛することと、食べるために殺すことは両立するのか『動物のいのちと哲学』（ダイアモンドほか著・中川雄一訳）。一方、アシカの子育てからは野生の生きる本能と子孫を残すためのすさまじい行動『生きる者の哲学』（中村元著）を捉えながら、動物とのあり方を信頼とけじめの対比から読みすすめてみた。

（平成二十三年）

指を置いてきたタヌキ

狩猟用の罠の一つに「とらばさみ（虎挟み）」が古くから使われていたが、平成19年（2007）から鳥獣保護法で使用が禁止された。農作物の有害鳥獣駆除目的の場合は許可が必要でシカ、イノシシなど特定鳥獣に限られる。しかしながら、販売制限はなく使用者のモラルにあるとされ、錯誤捕獲が心配されるおり、イヌやネコのペット被害が報道され、行政も注意を喚起している。

イノシシの出没がある秩父山系の里山で、真冬のことハイカーが歩けないでいるタヌキを見つけた。山には食べ物がないことは充分うなずける。「とらばさみ」は獣の通り道に仕掛けられ肢を踏み入れると罠が作動して肢をくわえる。爆発しない地雷のようなもので、肢の先にがっちり食い込み壊死してもぎ取られ、運よく離脱しても肢の先を失う。皮膚は腐り骨が露出して悪臭が漂う。

このタヌキの事例は、3本の肢をやられ脱水して体重も減りかろうじて生き延びていた。2歳ぐらいの雌で麻酔によく耐え、よほど空腹であったのか手術の翌日にはパンやペットフードを残らず食べた。入院舎内に木製の巣穴を用意したが、給餌に行くとすぐ隠れ、夜間だけ採食し、昼間のぞくと巣箱にうずくまって時折こちらの動きを見るが体は動かさない。そのうち悪戯をするようになり、夜になると防寒用に入れておいた段ボール箱を壊し始めた。昼間は巣穴から顔をのぞかせ外をうかがっている。食欲旺盛で、ほぼ2週間の入院で傷も癒え、早い野生復帰を願って生息地に放野することにした。巣箱に隠れているままに入り口を塞ぎトラックで運んだ。

この間、暴れることもなく、目的地で放たれると立ち止まって後ろを振り返ってから見えなくなった。このつらい体験が「とらばさみ」に二度と肢を踏み入れない学習であって欲しいと願っている。その後、4日目に救助の事例では腐食が進み、左前肢の断脚手術をする破目になり入院が長引いたが3本足で走り回り放野した。

（平成二十三年）

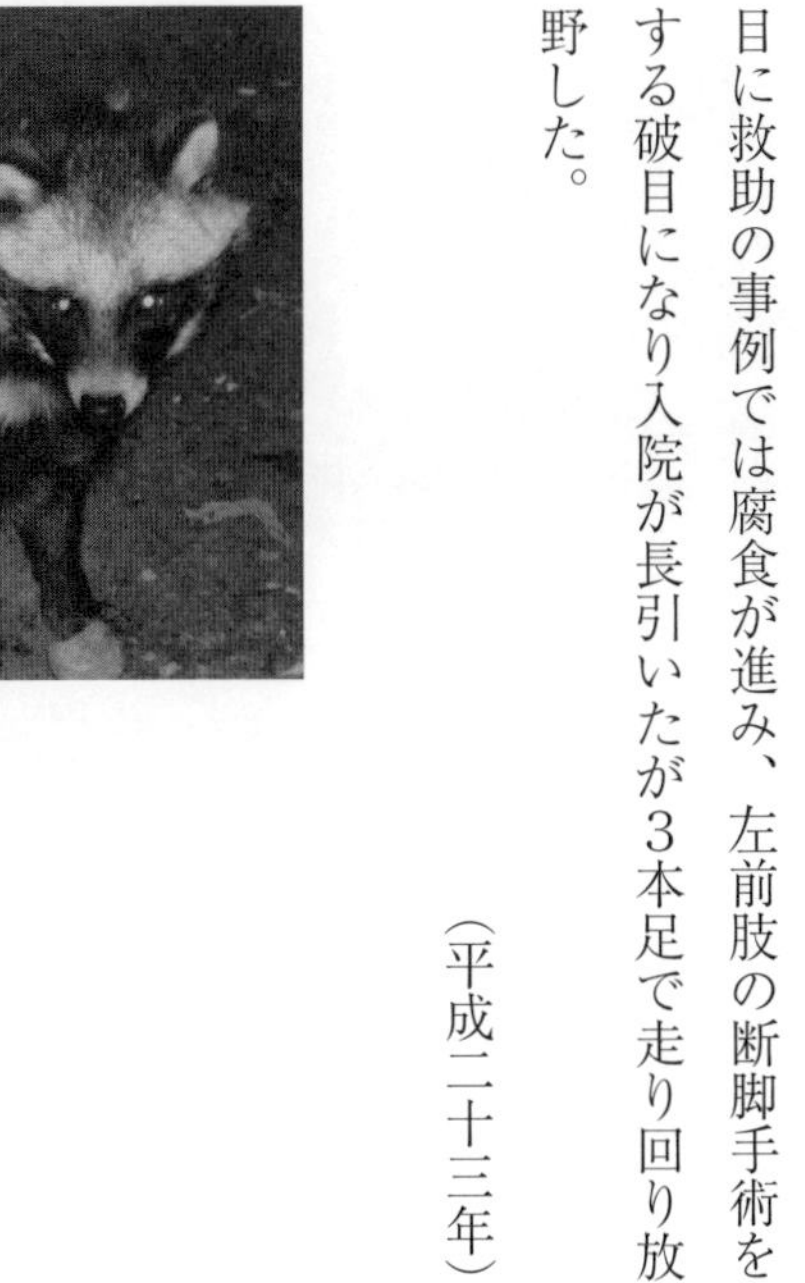
阿須山のタヌキ

くくりわな

猟期中のある日、猟師さんが奥多摩の山中で栽培した採りたての山わさびをお土産にやって来た。狩猟範囲は関東山地に限らず、時には信濃まで足を延ばすという。近くの里山でイノシシが出没するというので、猟区の地図を持って相談に来た。イノシシ注意の看板が出ている場所を教え、タヌキやアナグマがいるので気をつけるように念を押した。箱わなかと思っていたら自作の「くくりわな」だという。体重差でイノシシ以外はかからないように工夫したという。販売されていないという自信作を見せていただいた。猟師さんはそれぞれ独自の工夫を持ってつくる。里山だけに人に充分気をつけてくださいと重ねて念を押したものだ。

　シカのような大型獣が増えすぎて農作物に被害を及ぼすので、被害に悩まされる市町村は有害鳥獣に指定して駆除対象となり、猟友会の力を借りて罠による駆除となり、獣肉のジビエ施設が話題となってきた。ペットの飼料としての活用もみられる。入間市内ゴルフ場にシカが2頭侵入した。2頭とも立派な角がある。芝を荒らされ警察や市役所が出かけて追い込み捕獲を試みたが出来なかった。場所柄、麻酔銃も使えない。結局あの手この手を考えて、猟友会がくくりわなを仕掛けてみたが、夜行性なので一晩経つとフェンスを跳び越えて姿を見せなくなった。近くの畑で足跡発見、一件落着。

（平成二十三年）

アナグマ

黒い空

『黒い空』文豪松本清張の作品にある。多摩地方に生息するハシブトガラスが不気味に舞いながら人とかかわり殺人事件の解決に登場する。河越夜戦に原点を持ちながら人間の性が現代につながる清張ならではの作品である。入間郡の残り少ない雑木林に計り知れない数のカラスが、餌とねぐらを求めてやって来る。東京では害鳥として組織的に撃退作戦を立て、追い払われたカラスが居場所を求めて越境してやって来るのだ。付近の畜舎の家畜の餌や排泄物あるいは食品残渣の発酵処理施設は格好の餌場所として狙われる。桜の咲く頃、繁殖期を迎えた鳴き声は黒い集団となり鳴き声激しく空を舞う。カラスはハシブトが圧倒的に多いが、スズメはもとよりドバトやキジバトあるいはムクドリに限らずやって来る。その上空をトンビが餌を狙って旋回する。数羽がカラスの隙を狙って餌場に近づこうと降下すると、カラスがさせまいと下から攻撃態勢に入る。まさに、空中戦のスクランブル発進である。警戒しギャーギャーけたたましく鳴き交わすカラスの声が恐怖感をあおる。やがて黒い集団が頭をかすめると、攻撃されるかと思わず身構え、あわてて車に駆け込む。

トンビが飛び去り一段落すると、雑木林でウグイスが鳴きシジュウカラやヤマガラの声が聞こえ、ムクドリが群舞する。夕暮れにはまだ間があるころ、タヌキが通過した後をキツネが追いかけて通り過ぎた。ケモノ道になっているようである。雑木林はコナラやクヌギが群生し、下刈りがしてないのでシノ（カントウネザサ）が一面に生えウグイスやコジュケイの生息に都合が良いはずだ。すみ分けができている。牧場のウシの声よりも鳥たちの声が主役である。

カラスとの空中戦で墜落した若いトンビが担ぎ込まれてきた。さしたる外傷はないが主翼の関節を傷めていた。何日か安静にして肉を与えて様子を見たが飛翔が可能になったので放鳥したところ、下手な羽ばたきをしてやがて姿が見えなくなった。カラスに襲われない闘いの術を会得してもらいたいものだ。

都市近郊ではかつてのようなカラスの銃による駆除は見られなくなり、鉛玉のパラパラ落ちてくる恐怖感はなくなった。案山子（かかし）やカラスの死体をぶら下げる、あるいはテングス横張りによる撃退、最近銃声に似せたプロパンガスの爆発音と擬鳥の上下運動が有効だと用いられているが、慣れが生じると用を為さないようだ。風に揺れる簡単な反射回転懸垂糸が試験的に登場し、今のところ有効性が認められているが、学習能力の高い鳥だけに何時無効になるか分からない。

感染症法の改正があり、動物由来感染症が注目され、遺伝子検査技術の普及で、高病原性鳥インフルエンザの発生が確認されると、養鶏場の大量処分や野鳥による感染の防御対策が採られる。日本では平成16年（2004）に山口、大分、京都で翌年、茨城、埼玉で、その後も各県で発生した。平成26年（2014）の11月、大宮公園小動物園で県の鳥のシラコバトが死亡し、腹痛などの症状が出るエルシニア菌が検出され、見学を一時中止した。12月に、九州で野鳥からウイルス（H５N８亜型）が検出され、宮崎、山口で、27年（２０１５）１月に岡山と佐賀の養鶏場で確認され直ちに防疫措置が執られ、半径３キロメートルの移動制限区域に半径10キロメートルが搬出制限区域に設定された。県は平成27年（２０１５）１月20日入間市市民会館を会場として養鶏家はもとより、関係機関約50名の出席を得て防疫演習を行った。

さて、この年末年始にかけて入間地域や熊谷市でカラスが大量死した事件があり、時期も重なり鳥インフルエンザが心配されたが、埼玉県鳥獣保護センターの簡易検査と県の遺伝子検査ですべて陰性を確認した。埼玉県環境科学国際センターの薬物検査で農薬などの科学物質は検出されなかった。14羽について、県は国立環境研究所と県中央家畜保健衛生所に病理検査を依頼し、胃に内容物が無く腸管が暗赤色、６羽からクリストリジュウム属細菌（ウエルシュ菌）を確認した。このことから、腸管が壊死し、餌が食べられなくなり衰弱死した可能性が高いと診断した。入間市内で79羽、所沢市内で12羽、狭山市内で13羽、北部の熊谷市内で34羽と合計１３８羽が確認された。この折、年末年始にかかわらず県や市の担当者が緊急招集され、周辺地域の死亡個体の回収に夜の暗い中を懐中電灯やヘッドライトをつけて当たり、その苦労がしのばれる。平成23年（２０１１）２月に秋田県で54羽の事例があり、細菌性腸炎が原因だったという。

その後、平成30年（２０１８）１月５日に所沢市・入間市区域で90羽が死んでいるのが確認された。調べたところ農薬や鳥インフルエンザも確認されていない。この同じ時期に、西桂地域の屋敷林に生息するハシブトガラスの死体が10数羽発見されたが、所沢方面からのものは落下し、青梅方面からのものは無事で飛来方向との関係がありそうだ。

当地方は巣づくりにカラスが喜びそうな高木のケヤキが多い。畜舎の日除け用の高いケヤキを伐採して鶩いた。カラスが実に巧妙な巣を造っていた。素材はなんと針金製のハンガーだ。御主人が分解しながら数えると実に100本を越える数が組み合わさっていた。まさに鉄筋の巣だ。カラスの知恵の高さに今さらながら驚いた。

（平成三十年）

ウォーキングコース

足跡学？に挑む

農作物の被害が目立ってきた。もちろん、農作物に限らず家屋の被害も目立っている。有害鳥獣という用語表現が大手を振って歩き出した。大切に育てて自家消費はまだしも、商品となる野菜や穀物が鳥獣に先取りや傷物にされると相当頭にくるし、生活に支障が出る。あちこちの市町村で有害鳥獣対策の講習会が行われるようになった。とくに、相手が何者なのか分からないと対策をとりようがない。夜行性が多いので夜中に番をするのも結構だが、寝不足を覚悟の根気が必要だ。そこで足跡を探し出して、ついでに食害の様相が分かれば相手を判断しやすい。アライグマの足の大きさを測ってみた。体重5キロの雄で掌の長さが7センチ、幅が4センチ、後ろ足だと10センチと5センチでまるで人の手足の様相で5本指だ。手相も足相も人のそれより切れ込みが深い。似ている5本指のハクビシンの手相は球形で、後ろ足の第3と第4の指が連結し踵（かかと）はざらざらして滑り止め構造で電線も容易に伝わり歩きできる。足跡を言葉で表現するのは難しい。農水省多摩森林科学館は、出現する五つの野生動物で「」に示すように表している。足跡の位置関係は追記した。

イノシシ「チョキの形のひづめ　深いあしあとでは、その後ろに小さい副蹄がみえる」　前足と後足の足跡がほぼ重なる位置になる（写真6）。

アナグマ「前あし、後ろあしとも5本指　鋭い爪あと」　前足と後ろ足の足跡がほぼ重なる位置になる。

タヌキ「前あし、後ろあしとも4本指　梅の花の形でネコと似ているが爪あとがある　後ろあしの方が前あしよりも細ながい」　右前足近くに左後ろ足、左前足の近くに右後ろ足でジグザグになる。

アライグマ「前足後ろ足とも5本指で指がながい　モミジのような前あし　細ながい後ろあし」　前あし後ろあしの足跡が重ならない。

キツネ「前あし、後ろあしとも5本指　丸っこい前あし　人間に似た後ろあし」踏み跡

写真6

前

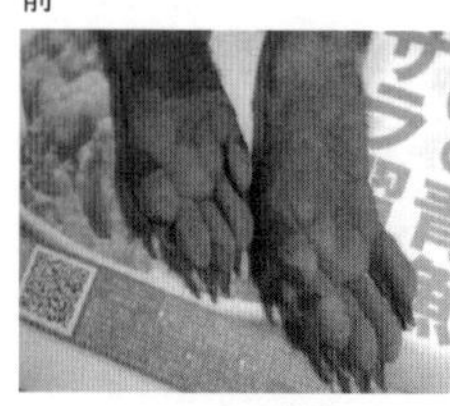

後

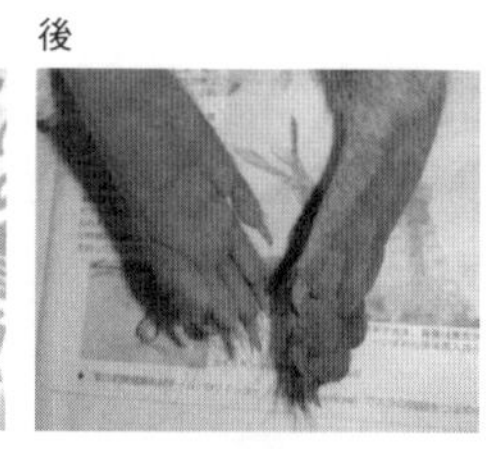

アライグマの足裏
指が５本で人の手に似る。長い後ろ足で踵までつけて両手で物をつかんで水で洗う動作が得意で爪は鋭い。足跡が残りやすい。

前

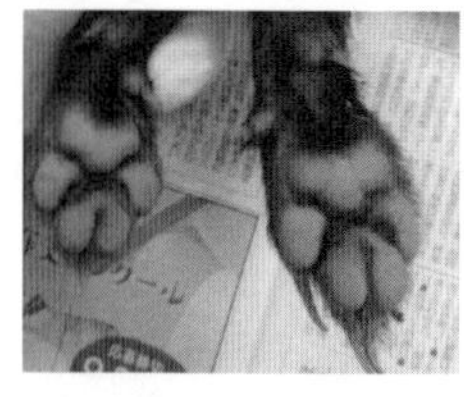

後

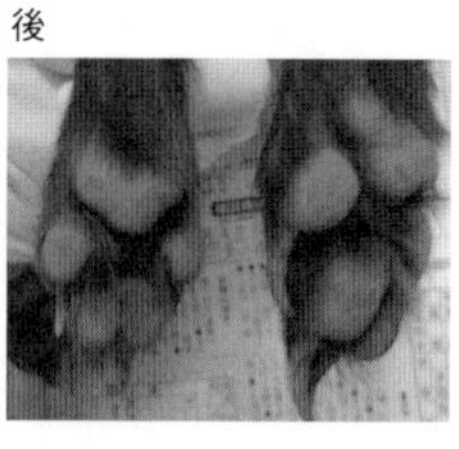

タヌキの足裏
小型で爪は鋭く前が５本、後ろが４本で肉球はイヌに似ている。

前

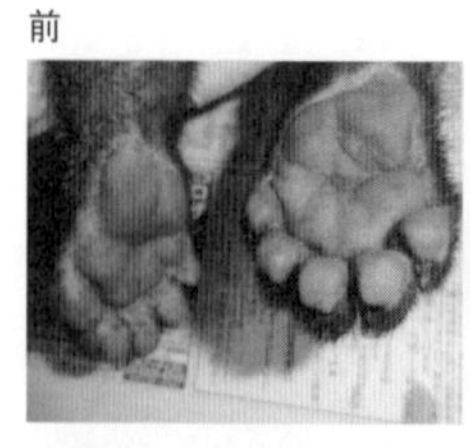

後

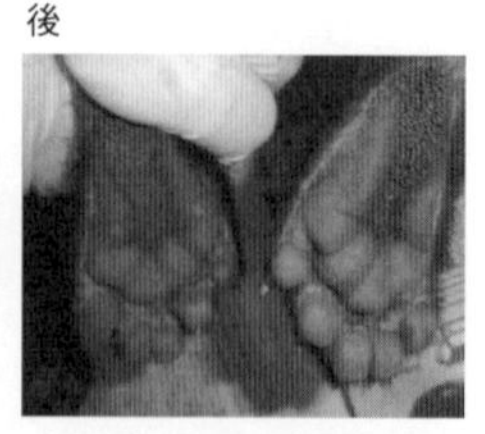

ハクビシンの足裏
指は５本で爪は短く、前足は丸く掌の肉が厚い。後肢は人の足型に似るが掌に滑り止めがありゴソゴソしている。長い尾でバランスを取り、３・４指間が狭く針金等挟んで空中を渡ることができる。

の上に次の足を重ねて直線的。

人の犯罪捜査で鑑識は、足跡に石膏を流し込んで固め、あるいは粘着シートを用いて足型をとる。

捜査の基本中の基本だ。野生動物の足跡の基本型を調べるのに簡便な方法を考えてみた。野生動物は何かの処置をする場合、鎮静剤なり麻酔剤を用いて静かにした状態に置く。この際に足裏に墨を塗りかたどりを考えたが、かつて石碑調査で用いた油性墨拓を直接足裏に叩き塗り、上から和紙を押し付けてみた。掌紋から足紋まで確かな足跡標本ができた。特にハクビシンの後ろ足は人のように細長く第三・四指は密着し踵の滑り止めのつくりには感心させられる。長い尾でバランスを取り電線の綱渡りも得意だし、身体をうねらせて穴を器用にすり抜け屋内に侵入するのだ。


(平成二十三年)

喫煙矯正犬

飼い主と一緒に屋内生活をするイヌやネコが増えてきた。人気は小型犬が多い。屋内だと多くは癒し犬や介助犬、留守番犬・防犯犬まで役立ち犬が多い。映画化されたのも多い。北海道で平成23年(２０１１)に河川敷の雪の中で横転した凍える車内で、一晩寄り添って幼児を暖め守った犬の話題は、新聞やＴＶで報道され、町は感動と勇気を与えたとしてラブラドール・レトリーバーの「ジュニア」(オス、7歳)に表彰状を贈り「町の誇り」とたたえた。

最近、高齢化のせいか、もちろん遺伝的な形質から か小型犬の心臓疾患を多く認める。

行動上の障害や咳き込みをみる。かつては蚊の媒介するフィラリア症による発咳が多かったが、予防法の普及や飼い方の向上で発症例数は少なくなってきた。聴診で雑音が聴かれる多くは、僧帽弁閉鎖不全によるもので発咳や舌のチアノーゼが明らかになり、心肥大が進行する。

真夜中に電話で叩き起された。同居の愛犬の咳がひどく治まらないで苦しんでいるという。マルチーズ雄の6歳で友人から子犬の頃に発咳を承知で譲り受けている。おそらく生まれつきの心臓病ということになる。小型犬に多いMI（僧帽弁閉鎖不全症）という厄介な病気だ。酸素吸入や投薬でチアノーゼも消え回復して帰宅したが、飼い主の呼気が煙草くさい。問いただしてみると、どうやら寝煙草で愛犬と一緒に寝たらしい。苦しみだしたのでスポーツの携帯酸素を使ったというが、犬にしてみればたまったものではない。家庭で塩分や脂肪分の多いものを与えないことや興奮させない暮らし方を伝えた。さらに、ヘビースモーカーの飼い主に室内喫煙を申し渡したところ、屋外にしますというので、いっそのこと止めたらね！と付言したところ、よほど応えたらしい。その後は、ニコニコと犬のお陰で自分も愛犬も元気ですという。これぞまさに矯正と共生。

（平成二十三年）

雄ブタの反撃！

欲求不満の反撃！がいかなるものか、現実味のある話だ。野獣という表現からは、肉食系の狂暴な食性行動や性行動が想像される。家畜の繁殖にかかわる性行動は人がコントロールすることが多い。自然交配が当たり前の豚の場合、発情期の雌のいる房へ種雄を鞭で誘導して入れる。

戦後から昭和中期頃の規模の小さい繁殖豚経営が主体の時代には、おじさんが堂々と後ろで鞭を使いながら種付けに歩かせた。ウシでは種畜場へ雌を引っ張って行った。ヤギはリヤカーに乗せて連れて行った。大きな雄ブタの睾丸が左右に揺れて歩く姿は、こっけいながらもいかにも養豚地帯の当たり前の情景で子ども達がその後を追いかけて歩いた。時には、通行中のバスを止めることもあり、次第にトラックで搬送するようになった。

何としても発情期間中の交配の適期を見逃さないことだ。種ブタはそのつもりでかなりの距離を歩き、あるいは車に上手に飛び乗り相手の臭いを嗅ぎ分けると興奮して泡を吹き出す。田舎の子どもは見慣れているのでブタが喧嘩をしているという。順調に終えると来た道をおとなしく帰る。

ところが、時期や相性が悪いと予期せぬ危険を伴いやすい。飼い主が背中を向けた瞬間、襲い掛かって来る。脱出もままならずあの牙で突き上げられ大怪我で入院する破目になる。素手だと向かい合いのまま壁に押し付けられ大腿部を狙われ、必死に小屋を跨ぐと咬まれ突き上げられ、命からがら逃げ出した話もある。雄ブタを相手の場合は、逃げ場を用意しておくことと攻撃に備えた道具を手に持つことが、転ばぬ先の杖というものだ。

ブタの人工授精は産子数が少ないとして好まれなかったが現在は増えつつある。二回交配で雄が異種である場合、例えば黒色のバークシャーか茶色のデュロックだと新生子の毛色で父親が分かる。激しい受精競争がなされ強くなければ生まれてこない。大方は一対一の分離比が認められる。性行動の適期の把握こそが、人への反撃を抑え産子数確保のテクニックになる。

（平成二十三年　三十一年追記）

保護された小鹿

降って湧いたプルム(放射性雲)

まさに降って湧いた平成23年(2011)3月11日の東北大震災の津波の直撃で福島第1原発の電源喪失となった。水素爆発が起こり、放射線がプルム(Plume放射性雲)となり風に乗って南下し、3月15日から南風が吹くまでの数日にかけて上空に滞留、汚染を拡大しながら雨によって地表へ降下した。スピーディーの分析発表が遅く予測に手間取った。箱根の山を越えて南下し、当地域への影響は狭山茶と畜産に及んだ。

とくに茶業界は極めて厳しい環境下に置かれた。3月21、22日にわたる2日間の庭先降雨量はほぼ50ミリであったが、いつものように彼岸前後から茶の刈り番が始まった。したがって、早芽早摘みで刈り番の早いものや手摘み用で刈り番をしないものは曝露が大きかったようだ。茶摘み期の5月14日、青葉の放射線測定が行われ、狭山市が258・3 所沢342・4 入間468・8(Bq/kg)で飲用茶からの検出は無かった。しかし足柄茶や一部の静岡茶からの検出があり、そのことから9月2日県産茶製品の抜き打ち検査が行われ、日高および鶴ヶ島産で規制値超が見つかり、9月6日若芽早摘に出荷の自粛要請が出た。その後、全銘柄のスクリーニングと出荷販売の自粛となり、安全確認次第専用のシールを貼り販売が再開されることになったが、消費需要は極めて低く、販売不振は茶商の自己破産や販売店の閉鎖が報道された。販売先の検査で規制値を超えた事例があり、自主検査による販売品の回収にまで及んだ。湯茶での検出は無いことも付記された。

過年度産を明示した販売も行われ、JAの無利子貸付や行政の業界対応が進められた。販売自粛から信用回復に向けて年末には一括集中保管が決まり、販売品は店頭から姿を消した。近くの東京狭山茶は個々の保管体制で農協の強力な管理指導下に置かれた。加えて害虫のクワシロ被害の拡大も懸念されるなか、一部では夏芽の刈り取りも行われた。

年明けを待って寒干害や消費展望の影響もあって茶樹の抜根や台刈りが例年に無く拡大し、今後の青葉の減収が予測された。青葉の追跡調査も行われ、次第に含有量の減少が確認され販売茶の無くなった業界に、平成24年（２０１２）度から国の基準値の改定もあり新しい仕組みが科学的に導入されることになった。すなわち、埼玉県広報紙「彩の国だより４９７号」に「茶園・収穫―生葉・蒸して乾燥させながら揉む―荒茶・30倍の量のお湯（90℃）で60秒間浸してフィルターでろ過した抽出液を検査・基準値10Bq/kg以下のみ製茶へ―製茶・ふるいにかけ選別し、火入れにより仕上げ―出荷店頭などで販売」と記されている。

畜産分野では、養豚も養鶏も舎内飼育で、飼料は海外輸入品が多く汚染が疑われる飼料の給与が無いことと、厩肥（きゅうひ）が屋内であることから問題視されなかった。酪農は、屋外放牧の中止と牧草の給与を控え、牧草の播種も安全を見越してから実施となったが、牛乳汚染の不安から放射線検査が行われた。とくに学校・保育所での給食食材からの検出は無かった。しかしながら、肉牛の稲藁給与の実態があり、国の汚染産地対応の不備から内部被曝が発生した。自主的な血液検査と、食肉検査所の検査とにより検出限界以下の安全出荷へ連動した。この1ヶ月以上にわたる待機期間中のビタミン欠乏による健康障害が心配されたが、適切に対応できた。その後の関東地区肉牛共進会で最優秀賞（農林大臣賞）が授与され、大きく名誉ある賞に感動と自信を得た。農業新聞はじめ市の農業委員会だよりに石田武男さんご家族が写真入りで掲載され、地域や関係者の大きな喜びとなった。また、表紙に二本木地区の田中秀伸氏が子豚を抱いた写真が掲載された。後継者として父親になったばかりの責任感と期待に満ちたうれしい顔である。その後、県畜産会を経由して市役所の担当課やＪＡ営農指導員の協力を経て東電へ賠償請求がなされたが12月に執行され、ほぼ通常の評価額で補償となり一段落した。子ウシの市場価格は高値で補償との連動をうかがわせた。

一方、茶業界は販売自粛で在庫の集中保管をする方向で、業界としてJAの協力を得て3年前の収入を添付して賠償請求したとの情報を得た。したがって、販売は2010年産を表示あるいは県の交付した安全票を貼りつける。知事を先頭に信頼回復と販売促進に取り組む姿勢を示し予算化した。なお、東電は公的資金の投入により実質的には国有化の形になるとメディアは報じている。お茶は地域にとって主力産業であるだけに、今後の展開が産業構造に大きく影響する。農協運営会議で今話題のTPPや農地集積の課題とともに協議された。

今回の原発事故は、いわば人類文明の過信が自然の力に負けたことであり、世界的な視野からの在り方を問うもので、地震国日本をはじめ世界は脱原発へと動く。その後、PM2・5がにわかに話題化した。中国大陸のいわゆる汚染微粒子の日本海越えである。それは石炭と自動車のエネルギー社会の副産物である。さらに、プラスチック粒子の海洋汚染が浮上してきた。（平成二十四年）

地域ネコ情報

ネコの性行動は、春先や秋口に騒がしく精力的で情熱的な行動をとる。発情期になると落ち着きがなくなり人や物に盛んに身体をこすりつけ、違う場所に放尿しはじめ、やがて悲しげな鳴き声をだす。仰向けに転がり尻尾の根元に触れると喉を鳴らして交尾の態勢をとる。飼い主はこの様子を「かわいそうなほどウネウネする」という。野良猫は、多くの雄が闘って順番を決めネックバイトする。交尾排卵で雌雄とも毛繕いをする。妊娠した雌は穏やかに引きこもり、やがて出産しある大きさになると子猫の首筋をくわえて移動する。野良猫だと生き残りの自然選別が行われる。

さて、飼い猫が子猫をくわえて来たのを見て驚いて捨て、あるいは親猫の選別で放棄されたものを人が見つけたものが担ぎ込まれる。時には警察のパトカーで運び込まれ制服姿の警察官から後始末を依頼されたりもする。よく捨てられるのが動物好きな家の門前や地域の集会所あるいは動物病院の前だったりする。集会所は可哀相だと餌やりの例が多く、砂場や遊具の衛生が問題化しやすい。畑地帯の人目の少ない所も狙われる。昔は、大きくなったネコを自転車に乗せて捨てに出かけ、帰ってみたら猫のほうが先に帰宅していた話はよく聞いた。

動物好きが病院に相談に見える例は多い。哺乳瓶とミルクを用意して里親をお願いしている。うまく育ての親を果たした例、失敗の例も少なくない。しかし育てあげた後が、飼い主探しで大変だ。ポスターを作り、ネットで掲示もする。地域の情報誌で人気をさらい、順番で餌やりもする。猫屋敷になる。善意の行為のつもりが、排泄行為で近隣から槍玉に挙げられる。これだけでなく集団で内外寄生虫感染が伝播すると厄介で、衛生問題として行政の介入が取りざたされてくる。愛護団体が組織的に捕獲し、避妊去勢をして元の生息地にもどす、あるいは里親を探すボランティア活動が目立ってきた。家庭動物の飼養および保管に関する基準というのがあるが、ネコの屋内飼養が感染を避け、他所への迷惑を避けるという点では好ましいであろうが、ネコの本能的な行動はどうしても制限され、ストレスで攻撃的な行動や尿スプレーで手を焼かせることになりやすい。結果、繁殖制限が文章化され人間の手で都合化されてくる。迷惑をかけない、責任を持つという原則的なところでネコとの共生生活を楽しみたいものだ。

外生活をするネコの食性は天敵のネズミはもちろん、遊び感覚で昆虫や小鳥を狙うことは当たり前だが食べてしまうのもある。驚いたのは入間川に生息するカワセミをくわえてきたことだ。飼い主に見せたので野鳥の会の知人に話して、放鳥を依頼したという。

（平成二十五年・令和二年）

目隠し戦法

動物にとって視覚は五感のなかで極めて優先順位の高いものだろう。瞬時に判断し行動する。もちろん猟期の鉄砲や害獣除けで爆音を用いるのもある。実践的な目隠し戦法のいくつかを拾ってみた。

まな板のコイではないが、診察台のイヌやネコは実に硬くなって緊張していることが多い。イヌの尻尾を下げ威嚇（いかく）の形相のものから、ネコの咬み付きや引っ掻きの態勢のものまでさまざまである。飼い主には馴れていても決して油断ができない。穏やかに声をかけながら安心感を持たせるよう努めても、警戒心の塊を解くことは容易でない。相手はこちらの動きを全身の気配で感ずるようだ。

口輪で保定して咬むことは抑えられても、見ることによる脅迫感は避けられない。したがって、時には目隠しが図られる。見えないことによる脅迫感はあるだろうが、見えることによる脅迫感より少なければ目的は果たしやすい。見えない見ない安心感は、人の場合とそんなに変わらないようだ。ネコを袋に入れて安心感を与え、診察台からの脱出防止と診察を容易にすることは、習性を利用した戦法の一つである。

ストールで毎日搾乳されるウシは、搾乳中はうっとりと満足気に見える。馴れないで蹴飛ばすのは、鼻保定や腰部圧定をするが最近は選抜交配の成果かめっきり少なくなった。日頃から人との接触が濃密なので特別な事態が発生しない限り穏やかに伏臥して反芻を繰り返しているか、牧草地でゆったりと草を食む。普段は人を信頼し見える状態で声かけをしながら作業は進められる。時には見えることでの恐怖心を避けるために、簡単なのは手で時間がかかる場合は目隠しする。この場合、やさしく声をかけながら、時にはラジオを聞かせながらと工夫もする。恐怖による発作的な行動だとあの巨体の制御は恐ろしいことになる。

ブタの行動は、集団行動をとることだ。恐怖を感ずると子ブタは奇声をあげながら右往左往する。小屋の片隅に重なり合って塊となってうずくまる。顔を仲間の身体の間に潜りこませて、自分から見えなければそこで落ち着く。まさに、「頭隠して尻隠さず」で諺通りの行動をとる。ブタが成長して１００キロを超す巨体となると、大の大人が力に任せても四脚で踏ん張り奇声をあげて動かせないものだ。そこでバケツかザルを顔に被せると後退に入る。見えないことによる行動の変化が期待できる。バケツやザルは、飼育現場にいつも用意されているのでとっさの間の工夫というものだ。ただし、少々頑丈に造られているものが欲しい。

　最近は随分といろんな動物が飼われるようになった。規模が小さくふれあいやセラピーなどウマ、ヒツジ、ヤギ、シカ、ウサギ、イノシシ、ウズラ、アヒル、バリケン、アイガモ、ガチョウ、ターキー、ホロホロチョウ、キジ、ウコッケイ、ダチョウなどがあり、便宜上特用畜産と呼んでいる。これらのうちダチョウが脱走や怪我で捕獲・保定するのに工夫が必要だ。首をつかもうとすると、強力な肢で蹴飛ばされ爪で引っかかれるので注意が必要である。棒の先端に緩めのフックを後方から頭から首に掛けて捕獲し、左右から翼と尻尾を押さえている隙に靴下か袋で頭にフードを被せると視覚を失いおとなしくなる。ただし、三人は必要な格闘技のようなものだ。目隠しではないが、興奮すると唾を噴きかけるアルパカの診療では、こちらが隠れる傘か合羽の用意が必要だ。

（平成二十四年）

袋角

ついにクマ出没？

よもやクマまで出没とは。実は平成21年（２００９）の5月、奥山生息の迷走カモシカの出現や、その翌年の秋に飯能市南高麗で栗林に足跡と熊棚の出現で大騒ぎになった。とりあえず学校が近いので集団登下校時に鈴をつけることにした。幸い目撃も被害も無くホッとしたものだ。このことから考えて距離的に近いので、いずれ出現は想定されることであったが入間市でははじめてのことである。

2月2日の4時50分ごろ、加治丘陵南峯八高線沿いの通称長澤峠北面西側のゴルフ練習場法面にクマらしい2匹が登るのを客と従業員合わせて7人が目撃し、狭山署に通報した。防災無線で緊急放送と近隣の保育所や学校へ電話連絡し注意を呼びかけた。クマの冬眠の習性から、この早い時期の出現は猛暑による餌の不足かとされた。なにより被害も無かったが、夕方で足跡からカモシカの見間違いらしいということになった。防災無線でクマ出現を知った市民から対策を問われ、夜間照明やラジオで人の気配や番犬の効果を伝えておいた。餌になるものを置かないことが第一だ。

頻繁に車の通る南北の県道と平行する八高線が防衛線となって、東へ延びる加治丘陵への進入の防衛線になっているようだ。

さて、猟師さんは獲物を求めて泊りがけで相当山奥まで入り込む。犬連れとは言いながらいつ獣に襲われるか分からない。単独猟で10余頭の犬を引き連れた猟師さんが、甲州の山奥に入ったところ、犬が1頭のクマを追い込んだ。歯を剥き出して迫り来る何頭もの犬に囲まれて木に登ることもかなわず、立ち上がるようにして犬に向かって、まさにあの熊手でパンチを仕掛けてきた。さすがに猟犬、深手ではないが体表の何箇所にも熊手の手負い傷を負ってしまった。その隙を見てさすがの熊も逃げ去った。熊の爪傷も間もなく消えて、再び山の獲物探しに走り回っている。しかし、近くの青梅市では市街地の近くに出没し銃殺されたそうだ。

猟師さんは頭にカメラをつけて行動を記録し「単独猟」ビデオを編集した。犬と生きる狩人の凄まじい生き方が捉えてある。銃は余程でないと使わない。犬達がイノシシを追い込み、止め刺しの場面は一瞬目を背けたくもなる。

（平成二十七年）

狩猟帰りの車

闘いの遺伝子

イヌはオオカミを祖先とする家畜化された動物と考えられている。真神（まがみ）は万葉集に「大口の真神の原に」と詠まれ、奈良県の明日香村飛鳥寺一帯の地の呼称でオオカミを畏怖して神と呼んだもの（大辞泉）で、オオカミ（狼）の古名（広辞苑）異名（国語大辞典）であり、神格化されて武蔵御嶽神社や小鹿野の八日見山諸難除の1匹が描かれる「大口真神」護符は有名である。毎年御嶽神社の御師（おし）が講の家々を訪問して授与するが、あのオオカミの図柄が誠にすさまじい。真っ黒い左向きの犬座姿勢で上目使いに大きく裂けた口に鋭く尖った歯列が上顎に10本、下顎に8本描かれている。また、秩父地方の宝登山神社や三峯神社の護符には犬座して対頭の2匹が描かれている。母屋の入り口や納屋に盗難除けに張り付けられ意外と目立つ。最近では、野菜畑でも見かける。

ニホンオオカミは、狂犬病やその駆除などで明治の終わり頃に姿を消し絶滅種となった。当地でも古くは子どもの山遊びに「ヤマイヌに食われるぞ」とむやみな山遊びを避けさせていた。幸いに、生態系の頂点に立つ動物がいなくなり、新たな問題が出てきた。

さて、その血を引くイヌが、猟犬として本来の野生味をむき出しにして、獣と渡り合い命がけで闘う姿は、弱肉強食の世界である。闘いの経緯は、実にいろいろである。獲物に向かって吠えて追い込むだけの利口な?イヌは傷を負わない。相手かまわず咬み付く「切り込み犬」はまさに命がけで闘う。何匹かのイヌが時には10頭以上が、連れ立って檻に入れられ山に入る。最近の獲物の多くはイノシシだが、シカやカモシカ、時にはクマに出会うこともある。発信機を首に着け終えると獲物を求めて一斉に山へ駆けあがる。

発見され追いつめられたイノシシは、全身の毛を逆立て鼻息荒く牙を武器に闘う。イヌは脇腹や顔面、肢など至る所に傷を負う。皮膚や筋肉が裂け肋間から肺が飛び出しているのから、腹部の裂孔から腸管が全脱し下顎が折れているのまである。脚の骨折や脱臼だと猟犬としての能力を失うのもいる。腸管を引きずりながらイノシシに攻撃を仕掛ける勇猛さに狩人は賛辞を贈る。妊娠中に腸管を露出して闘い、手術後に無事出産したのもいる。緊急で麻酔の導入前に手術に入り、我慢強く耐える個体は多い。クマやシカに出会った爪や角による攻撃傷は、牙の傷とは異なっている。イヌに追いつめられたクマが、樹に随分と高く登っているのを見ると爪の鋭さが納得できる。多くは猟師達が集団でチームを組み、追い込んで獲るという。1頭で目的を果たしたと、その日はそれ以上の狩りはしないとするチームもある。メンバーに救急医

写真7　ニホンオオカミの像　瑞穂町けやき館庭（2018）
地域のオオカミ伝説から造られた。忠実に造られ遠吠えする姿は実に凛々しい。遺物の鑑定も行われ近くにオオカミ坂がある。

療の従事者がいると、外傷の緊急措置の適切さに感心する。

最近、とみに害獣対策が話題にのぼってきた。中山間地のイノシシ、シカ、サル、クマの出没による農作物の被害は生活に直接影響する。それに限らない都市部にも出没するアライグマやハクビシンは人の生活に影響をおよぼす。天敵として頂点にたっていたオオカミの絶滅が引き起こした、生態系の異変の一つかも知れない。

ニホンオオカミの存在した証は、国内に三体残る剥製である。明治14年（1881）に岩手県で獲れた雌の東京大学収蔵の個体は、20キロ位で表情が穏やかで灰色がかった茶褐色をして耳は小さく直立し、日本犬のミックスを思わせる。細目で外側から鋭い牙の配列状態が分かるように作られ、肢はやや太めであろうか。明治初年に福島県で獲れた国立科学博物館収蔵の雄の個体は、やや背彎で尾を後方に向け、走り出しそうな体勢に見えるが口を結んでいて牙は見えない。もう一体は和歌山大学が所有する。いわゆるニホンオオカミの彫像は、国内最後の発見のあった奈良県東吉野村と、江戸時代に生息したという東京都瑞穂町に凛々しく遠吠えする姿が野外展示（写真7）されている。

イヌを使い獣に闘いを挑む狩人達が、今や害獣駆除の先兵として、後継者の育ちにくい環境でこれからの在り方が気遣われる。オイヌサマの役割を猟犬達が担っていることに、動物愛護からすると、いささか気が引け、大口真神の護符（写真8）に先人の魂を感ずる。間もなく武蔵御嶽神社の御師が、太占（ふとまに）や護符の授与に御嶽山から降りて来るのを庭先の福寿草が待っている。

（平成三十年）

写真８　江戸時代の蔵に貼り付けた大口真神護符　武蔵御嶽神社の授与。
左向きで口を深く開け、鋭い歯で今にも噛み付きそうだ。
盗難除けに貼られる。

霞立つ頃・つがいキジ

武蔵野の小岫が雉立ち別れ往にし宵より夫ろにあはなふよ
（万葉集　三三七五）

「都の西北……」「霞立つ都の乾……」など校歌に読み込まれる方角を前者は現代用語で、後者は十二支で表現している。山越えをした雪が、都の戌亥の方角にある秩父多摩山系を薄化粧し、雨が止むと朝の光を浴びて霞が立ち込め、雲が湧き立つ。平野部の畑地のあちこちで水蒸気が立ちのぼり春の風を運んで来る。近くの県境に今は東京都青梅市に属する旧霞村があった。まさに霞立つ位置付けである。春は霞、秋は霧の立ち込める里である。

朝の野まわりで、畑地に群がりせっせと餌をついばむつがいのキジと、数羽のムクドリがいた。キジの雄が警戒する素振りをするがメスは盛んに餌をつついている。キジの雄が繁殖期に出す声は畑仕事の折にしばしば耳にする。すぐ近くまで来て餌をついばむ。

「武蔵野の山の峰のキジが飛び立つように別れていった夜からあの人とは逢っていません」と東歌の舞台は、いかにも切なき思いを描く。金子台の情景にぴったりだ。ムクドリがこちらの姿に気付いたのか、1羽が飛び立つと一斉に羽ばたいて遠くへ去って行った。驚かしたなと思わずつぶやいたが、やがて戻ってくる姿を見ることが出来た。この時期の餌探しは鳥たちにとっても容易ではないだろう。近くの牧場が栽培する牧草畑の堆肥の昆虫や残り物を探しているのだ。しかしながら、今年はツグミの姿が少ないようだ。畑地帯の宿命か、この辺りの穀作物栽培は減った。川を餌場とする鳥類はカルガモやサギ類をはじめとして次第に増えつつあるが、穀類や昆虫を餌とする鳥たちは、特に冬場には餌を求めて移動する。メジロの集団行動も素早い。30羽以上があっという間にツルウメモドキの実を食べつくして去ってゆく。エナガの集団行動も見事だ。改正された家伝法は、畜舎の鳥類やネズミ類の侵入防止を求めている。畜舎からの横取りは当然ながらご法度になった。

わが行きの金子の郷に鳴く雉の妹恋う声やここだ愛しき

（平尾善秀「文芸入間」34号）
（平成二十四年）

オイヌサマ

年々歳々変わることなく霜月と啓蟄（けいちつ）の頃、護符を携えた武蔵御嶽神社の御師（おし）が軽自動車に乗って山を降りて講の家々を廻る。神に仕える作務衣姿でシューズを履き、護符を収めた箱を風呂敷で包んでいる。春は武蔵野台地で栽培される25作目の作況を占った往古からの太占（ふとまに）符と火難除け符に、眷属（けんぞく）のオイヌサマの災難除けの大口真神符が授与される。いずれも甲州和紙でしっかり出来ている。予告のない訪問で、家内が大急ぎで朱塗りのお盆を授与皿として用意し、うやうやしく護符を受ける。山葵（わさび）漬けや神塩を付けていただくこともある。思し召しを半紙や封筒に入れて寄進する。先代の御師は、お供を連れた紋付袴姿で護符箱を抱えて徒歩で廻っていたのを思い出す。護符が授与されると米などが寄進され、地元に住むいつも決まってついて

犬神様　大口真神神殿　武蔵御嶽神社（2019）

くる従者の背負い籠に入れていた。やがて従者なしで回るようになった。最近では山頂の御師集落から狭い九十九折の登山道を通るのに特別認可のライトバンが用いられ、徒歩でほぼ一時間以上かかる登山者への配慮から、屋根上に特別仕様の黄色い回転灯が取り付けられている。もちろん一般車輌は通れない。

東日本大震災後は、参拝者が激減しその影響の大きさに驚いたという。もちろん、山頂へのケーブルカーは利用者数も減少した。そんな折、日本武尊（やまとたけるのみこと）が東征の折神狼に山中の難を救われた伝説から災難除けの御守護「大口真神」の名で親しまれる眷属オイヌサマについて、「犬の神様」としてメディアが取りあげ、ペット連れの参拝者がやって来て驚かされた。神域が穢（けが）れないか心配されたが、排泄箇所の洗浄ポットの所作を見るにつけマナーの良さに認識を改めたそうだ。早速、ケーブルカー運行会社に相談しイヌの乗車を認めてもらった。もちろん乗客への配慮から、イヌ連れの席はブースを設けて、オイヌサマが安心して参拝出来るようになった。もちろん犬の乗車料金は別払いである。犬は御水舎に設けた犬用水鉢で清める。とは言うものの、柄杓（ひしゃく）を持てないので水鉢で口を濯ぐ。ケージが参拝のお祓い用に拝殿脇に用意された。流石に人と同列ではない。神社側もペット犬用のお守りを急ぎ手作りしたが、需要が多く型枠を作って増産したという。飼い主とのペア入りである。それにしてもメディアの力は大きい（写真9）。

武蔵御嶽本暦には32名の御師名が記され、山頂に御師集落がつくられている。子ども達はケーブルカーで通学する。宿泊して参拝の外国人も増えてきた。武蔵野台地の豊かな恵みと人々の幸せを願って伝承を忠実に受け継ぎながら、新しい時代へ対応している。

なお、ニホンオオカミを眷属の犬神様として斎奉る三峯神社は、同じように日本武尊の東征の伝説を持ち、神犬御札がある。この他、山梨県立博物館の調査によると釜山神社（寄居町）若獅子神社（秩父市）巖根神社（長瀞町）猪狩神社（秩父市）光明寺（秩父市）

王勢籠権現（上野原市）金櫻神社（甲府市）があり、いずれも日本武尊を祭神とする共通点を持ち、神社の分布は山間部を中心とする。イノシシやシカの農作物への被害が深刻な地方では、これを駆除してくれるオオカミへの信仰が生まれ、害獣を防ぐことから盗難除け、害獣を除けることからキツネなどの憑き物落としが派生した。また、オオカミの記録が武蔵御嶽神社に近い青梅市二俣尾の谷合見聞録に、元禄13年（1700）5月「コノ頃狼イデテ人ヲ喰ウコト止マズ」、正徳5年（1715）5月「狼・山犬加治領へハヤリイデ人ヲ損ス」とある。オオカミの頭骨などを使った祈祷・まじないも多く江戸時代後期から明治期に及んでいる。武蔵御嶽神社には青梅市指定文化財のニホンオオカミの頭骨や寛骨、さらに文政2年（1619）の御札板木数珠（じゅず）が保管されている。なお、ニホンオオカミは明治38年（1905）に奈良県で捕獲されたのを最後に生存が確認されていない。農作物のイノシシやシカの被害は最近目に余るものがあり、くわえてアライグマやハクビシンの外来生物の生態系への侵入から、オオカミの生態系参入の意見も飛び出す昨今である。

（平成二十四年）

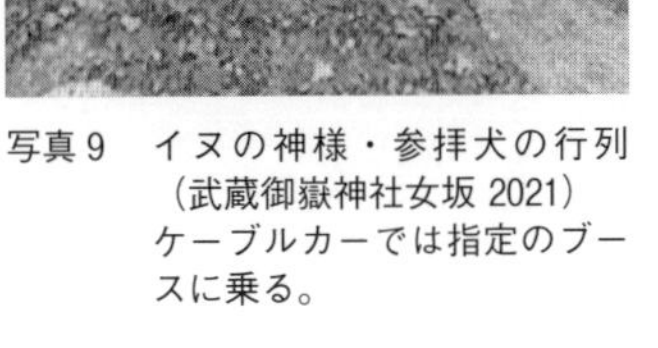

写真9　イヌの神様・参拝犬の行列（武蔵御嶽神社女坂 2021）ケーブルカーでは指定のブースに乗る。

入間市内二本木にオオカミ坂という地名が残る。明治の初期オオカミが倒れていたのを畑の持ち主が発見して手厚く埋葬したのだという。国道16号線の北側、古多摩川崖線の南斜面にあたる狭い路で徒歩でしか通れない。昔は村の生徒が通学路に使っていたが、今は東野高校の校地で遮断され地名だけが残った。

（平成三十一年）

子ウシ脱走事件？簿

「あれ！　子ウシが2匹ともどっかへ行っちゃった」

先日、家畜市場で買ってきた子ウシのうち、2匹が突然いなくなった。1頭ごとにハッチに入れて逃げられないようにして飼う。病気がうつらないように仕組まれた飼育法である。馴致するまでの間、小屋を飛び出して駆け回るのもいる。追い駆けまわす破目になるが、多くは仲間のいる小屋へ戻ってくる。探しまわっても行方がつかめないでいると給餌の時間になると戻ってくるのや、近くにうずくまっていることが多い。今回は来たばかりで世話主に馴れないこともあって、2匹揃っての脱走？でいささか慌てる破目になった。行きそうな場所を家族で探し回ったがどうしても見つからない。通行量の多い県道が近くにあり、よもや事故でもと考えが頭をよぎった。小さな子どもに出会って怪我でもさせてはいけない。過去にはウシの持ち去り事件も無くはない。発見者が通報するとすれば警察だろう。一応、念のため駐在所に連絡を入れて届け出があった場合の協力をお願いした。そうこうするうちに、近くのゴルフ場から子ウシを見かけたとの知らせがあった。早速行ってみると、ゴルフのお客さんが、珍しい子ウシとの出会いに喜んで捕獲に手を貸してくれ、おまけに記念写真まで撮っていた。ゴルフ場の新芽が出はじめた芝生光景がどんなにか牧草地に重なって見えたことか。子ウシもゴルフ客も満足した出会いであった。心配して駆けつけてくれた都市部から転勤間もない駐在所のお巡りさんも、のどかな事案解決にホッと一息の脱走事件？であった。

このゴルフ場にはかつての自然林が残されており、野生動物の生息にとても良い環境下にある。周辺の林とよく連携しながらタヌキ、キツネ、イタチ、ネズミ、モグラ、リスは言うに及ばずヒバリやウグイスあるいはコジュケイの繁殖地であり、ホトトギスやカッコウの声、アオサギ、さらにトンビのゆうゆうと飛ぶ姿は、低空を飛ぶカラスを押しのけ、横田基地発着の飛行機に秀でる生命体だ。肉牛の肥育農家は、家畜市場から子ウシを導入し、霜降り肉を目指して、多くは2年以上をかけて7百キロの肉体に仕上げてゆく。この牧場は、家族で「彩の夢味牛」の名品を育てる。

（平成二十三年）

犬のグルーミング

イノシシ撃退法

夕方になるとラジオが生活者の知恵で山側に向かっておしゃべりを始める。春のお彼岸の頃からだ。さあ、タケノコのシーズンがやって来たなと分かる。金子山を背負って生活する人々は、屋敷の山側の縁に竹林を育てている。用途に応じてマダケやモウソウを育ててきた。それは山肌の崖崩れを防止する役割もはたしてきた。季節にはタケノコ掘りが年中行事となっている。適切な間引きと手入れがないと竹林の侵入はものすごい。ヤブカとの共生になりかねない。プラスチック材が竹材に置き換わって久しい。竹材豊富な土地でありながら竹竿や生垣で目に触れなくなった。山地の農地ではイノシシやシカの侵入防止にトタン板やベニヤ板で囲んだりしているが、農作業の出入りに極めて不都合である。最近では電柵を仕立てているが人の危害に注意が必要であり、配線に草が触れると漏電して効果が無く、草刈をつねに行う必要がある。また、太陽光発電で光を発射して驚かせる方法も開発された。花火で脅かし、イヌで追い立てる、イヌの毛をぶら下げるなど、あの手この手で防止策を講じているが、ラジオが手っ取り早く用いられているが慣れると効果が無い。竹の子がどこに生えるかイノシシの探知力はすごい。臭覚で予測するのか、深さ40センチに及ぶ穴をほじくり開け食い漁っている。孟宗竹が狙われている。ヒトが見つける前に食い荒らしてゆく。歩くのに気をつけないと危険な深さである。

相談を受けた行政機関が大きなイノシシ捕獲用の檻を山裾に設置し、トレイルカメラを仕掛けてみるとイノシシに限らずシカも来ることが分かった。丘陵の家並みの際までイノシシはやって来る。平成27年（2015）の台風11号は、相当の豪雨をもたらし、山裾の小道は川となってしばらく水浸しでイノシシがこねまわした跡が明らかだった。

神社は山際の高いところに鎮座する。見通しが悪いと彼らがやってくる。八幡神社にイノシシ注意の看板が立った。山裾の竹の子だけで山へ帰っていたイノシシが、人家の庭畑のズッキーニやジャガイモ、年数を経たジネンジョを掘り返していった。足跡をたどると2匹が同じ方向を連れ立って歩行をしており、どうやら明るい下は避けている。

養豚家にとって感染症の豚コレラ（CSF）は脅威の疾病だ。以前はワクチンを用いて防疫の徹底を図り安心して飼っていた。接種を平成25年度（2013）末まで入間市内で8万頭を知事認可で実施していたが、最終発生から26年目に岐阜県で豚だけでなく野生イノシシでも発生した。TPP加盟によって輸出障壁があると、獣医師や県職員・自衛隊などで殺処分を行ったが、ついに岐阜11ヶ所2万1733頭　愛知4ヶ所（含団地7戸）2万1715頭　長野2ヶ所2482頭　大阪1ヶ所737頭　滋賀1ヶ所699頭の5府県に拡大、あわせて4万7400頭と野生イノシシで165頭の感染が確認された。その後も続発し野生に侵入した対策は極めて困難であり、国は野生イノシシに餌を用いたワクチンの検討に入った。生命系の混乱として広く関心を呼んでいる。養豚家はもちろん国家的損失も大きい。搬出・移動制限設置と豚肉供給に影響し価格は上昇した。県はイノシシ防護柵の対応も検討している。

例年、金子山周辺で10数頭が捕獲されているが、県道（63号線）でイノシシの交通事故死の発生や人家近くに出没が目立ち、山裾に既設の箱わなに圧扁トウモロコシがまかれ令和2年2月雌が1頭捕獲された。夜間監視カメラで確認すると、もう1匹が檻天井のクマ脱出用穴から逃げ出していた。しかしその後、恐れたのか近づかない。血液検査でCSF感染は否定され、経口ワクチンの使用は見送られた。しかし、隣の青梅市で最近捕獲のイノシシで抗体陽性が発見され注意が喚起された。頭数の増加が懸念され「くくりわな捕獲」が主流になりそうだ。

生活安全のために防犯灯が広く設置されているが、イノシシの行動がこの光を避けて餌探しをしていることが分かっている。やはり夜行性動物は明るい所を嫌うようだ。（写真10　イノシシ注意看板）

（令和二年）

写真10　集積所のイノシシ注意

台風に乗って珍客来る！

梅雨時しかも夏至前の台風の襲来は珍しい。平成24年（2012）6月19日の夕方から20日の早朝にかけて、台風4号の時速65キロの列島縦断は、中心気圧965hPa。最大風速35メートル、最大瞬間風速50メートルと大きく、南東からの横殴りの風雨は、梅雨前線と重なって庭先雨量は127ミリとなった。里山のクヌギとコナラの枝葉は、もぎ取られ際立って散乱した。倒木も目立った。穂をつけたトウモロコシは西向きにそろって倒伏した。

さて、近くの市から見たこともない鳥を保護したという知らせがきた。水掻きがあり、うずくまって飛べないので素手で捕まえたという。カモメの幼鳥そっくりだが嘴の造りと水掻きの色がやや違う。オオミズナギドリだと判明した。過去に台風時の迷走保護の事例があり参考になった。やがて3日間に都合3羽が見つかった。応急で水鉢に小魚と魚の切り身と野鳥の餌を入れておいた。大急ぎでイワシの買出しを家内に頼んだ。幸い外傷もないので次々と同じ鳥類舎に入れると、つつき行動をとるので夕方擬声を何回か聞かせて様子を見た。やがて一ところに仲良く集まった。放鳥は、担当者に海までの搬送を提案してみたが、つまるところ荒川へということになった。台風の後だけに水量も豊富で流れも速い。夜明け前に飛び立つ習性から、朝の5時に3羽をまとめて荒川の岸に放鳥した。この鳥は陸上では追いかけても、うずくまるか歩くかで斜面を助走しないと飛び立てない。助走して水面に着水するや下流に向かって飛翔しすぐに見えなくなった。

この台風は当所に運び込まれた事例以外に、近隣の日高市で2羽、東京都の瑞穂町で1羽、清瀬市で1例が発見されたとの情報を得た。海から50キロも離れた関東平野の奥まで飛ばされて来たが、この台風が強風であったことと、台風の影響で陸地の近くに餌となる魚群が集まっていただろうと推察される。漁師はこの鳥が群がる下に魚群がいるという。まるで生物版探知機である。

（平成二十四年）

大型台風15号が9月9日夜半に当地を通過した。猛烈な暴風雨を伴い明るくなる頃には静かになった。ねぐらを襲われた2百羽近いスズメが近くの工業団地の敷地内や道路上で集団大量死していた。強風で叩きつけられたものだろう。いくつかの市で報告され県が鳥インフルエンザ検査をしたが陰性だったそうだ。

（令和元年）

オオミズナギドリ

わしづかみ

見事な表現だ。さぞかしワシたちは、具体化されたこの例えに大いに自信を持つことだろう。箱に手を入れて景品の持てるだけの鷲づかみや、札束の鷲づかみは、人の欲深さを楽しませるゲームである。

さて、レース鳩が担ぎ込まれてきた。市役所に救助の要請があったという。市民からの通報は、ハトが民家に入り込み動けないでうずくまっているということだった。腹に出血があるという。驚かさないようにタオルを被せて羽を押さえて持ち上げ注意深く羽毛をめくり上げて診る。右胸筋の中央部が数センチ切り裂かれ、深部胸骨に向かって切られている。猛禽類の爪による攻撃は明らかなようだ。飛んでいるところを発見されて追跡され、急降下したワシの反転動作で胸を鷲づかみにされるあわやのところを逃げて墜落したものだろう。血糊がべっとり張り付きこの部位でなければ死んでいただろう。出血が多い割に、貧血もなく充分耐えられ手術を終えた。おそらく北の方で放鳩され、南方にある自分の鳩舎に向かって集団で飛行していたのだろう。若く力があり、間もなく食欲も出現し脚力翼力とも回復、止まり木から見下ろす姿勢となった。狭山丘陵の展望台のテッペンから放鳥することにした。はじめは飛ぶのをためらっていたが、はばたくと大きな木の枝に止まり、周囲を見渡して次の飛び立ちを思案しているように見えた。

「まるで、神様のようなことをなさるんですね。」

近くでこの様子を眺めていた老婦人が、同行して手伝っていた家内に事情を尋ねての言葉だった。この言葉に、驚いた。当たり前のことが、こんなふうに思われるとは思いもしなかったからだ。巣に帰る性質は、ハトの本能であるが、近頃は携帯電話の普及で電波が本能を狂わせるとかで帰巣率の低下が目立ってきたとか。また、公園などで「ハトに餌を与えないでください」の看板が目立ちハトの糞公害への対策が図られてきた。

レース鳩は、足環が取り付けられる。鳩舎の電話番号が片方に国籍と県・個体番号がもう片方に記されている。これを見ればレース鳩だと確認できる。日通が取り組むレース鳩宅急便で、救助の鳩をいくつかの鳩舎に送らせていただいた。棟の高い畜舎や工場で巣作りし、あるいはチャッカリ別の鳩舎に侵入しているのもいる。

（平成二十四年）

子ブタの診察

飛び出し注意・警戒標識

シカの瞬発力は見事だ。奥武蔵は山へ行くほど生息数は多くなる。正丸峠へ至る脇道のあちこちに動物注意の看板がある。夜走行していると突然シカの跳び出しに出会う。カーブの多いところで突然のことなので、とても止めることなど出来ない。あぶない！と思いきや、見事な跳躍力で車を飛び越える。運悪く衝突しても、あっという間に逃げ去るのが多い。脳震盪を起こしてうずくまるのもいる。通行人が発見して救助されるのは、骨折した重傷例が多い。脊椎骨折だと先ず、回復は難しい。

秩父ではサルが道路をゆうゆうと歩く。側溝から顔を出すタヌキも多い。道路標識に出てくるのはタヌキ、キツネ、サル、イノシシ、シカ、クマ、カモシカ、などさまざまである。国交省の道路標識は、案内、警戒、規制、指示、補助の5通りから成り立ち、警戒標識は黄色地に黒ぶち・黒模様の菱形が定番だ。教則本にはシカが道路側に跳躍する姿勢で描かれている。道路では、あわせて動物注意の補助標識をつけているものが多い。秩父には、歩行型のシカ図に「野生動物飛び出し注意!!」の長方形標識があるが、独自に設置したものであろうか。

ところで図柄で面白いのは、タヌキで目玉が描かれ周りが白いのは共通しているが正面向きで、腹白でへそがチャンと描かれ、いかにも腹鼓を打ちそうな一目瞭然の童謡姿である。作者の動物への愛情がしのばれ思わず笑みがこぼれる。

（平成二十五年）

モリアオガエルの季節

梅雨時が彼らとの出会いの季節である。八幡神社の境内東端の低地にある弁天様の池は彼らにとって絶好の繁殖地なのだ。江戸時代に池の真ん中に巳待講によって祀られた祠があり、天水で魚が生息しないので蚊の発生が多く閉口する。

早い時期にニホンアカガエルが繁殖する。梅雨時、モリアオガエルは水面に突き出たサカキの枝にオスが待ち受けメスが産卵すると、かき回して黄白色の泡状の塊を産みつける。塊の数は年によって違う。１週間ほどして泡の中で孵化したオタマジャクシは池に落ちて、カエルまで発育すると丘に上がって生活する。池の中でオタマジャクシを待ち受けるイモリなどの天敵をかわして生きなければならない。森に囲まれた池では毎年同じように観察される（写真11）。梅雨時の弁天様詣での楽しみの一つである。

隣の飯能市では、天然記念物に指定されている。市内の山際の小学校のプールに産卵し、子どもたちの教材として活用され学校通信で紹介された。

（平成三十年）

写真11　モリアオガエルの産卵　八幡神社の弁天池　（2009年５月）
泡のなかでオタマジャクシになると下の水面に落ちてカエルになり、イモリやヘビと闘い、やがて陸上へ出て生活する。近くに森林の存在が必要。

目玉がいくつも光る！

　トウモロコシの毛も赤黒くなってきたので明日は待望の収穫だ。蒔き時も良かったので、先月の台風の被害も少なく有機質肥料も十分施し、手入れも充分したので甘くて美味しいのが実ったはずだ。明日が楽しみだ。夜もふけた頃、何か裏の畑でガサゴソ音がするではないか。いったい何が起こっているのか恐る恐る見ることにした。部屋から明かりを向けて驚いた。目玉がいくつもこちらに向かって光っているではないか。ネコやイヌではないし、タヌキの集団かとも考え、攻撃でもされたらと恐ろしくなって窓を閉めた。翌朝のこと、見回りに行って驚いた。トウモロコシが全部見事になぎ倒されて食い荒らされているのだ。おまけに境界杭の塩ビ管に落ちて動けず頭の方だけ見えるタヌキ?を見つけ出した。手を出すと咬まれる恐れがあるので、市役所へ連絡した。野生動物担当が駆けつけ捕獲網を被せて泥水だらけで暴れるのを捕獲した。担当者は一目でアライグマだと見抜いていたが、昨夜の光る目玉の集団の正体を知って、まさかの出現に驚いていた。調べてみると、まだ幼獣でおそらく一族で美味しいトウモロコシを目がけてやってきたに違いない。全て倒され食い荒らされて後始末をする破目になり対策を怠ったこと、誠に残念ながら再び捕獲器を置く必要もなくなった。

　幸い出来具合を見ようと、前日4本だけ獲れたことが救いだったとか。味を占めた光る目玉集団は、次の獲物を探しに行動していることだろう。今年の捕獲頭数は急速に増加し、農作物や家屋の侵入による被害が拡大している。国道16号沿いの野菜畑の出来事である。

（平成二十四年）

会話する犬・猫

「ごはん！　ごはん！」の催促だ。長年生活を一緒にしていると人間の言葉に反応する動物は多い。「ごはんですよ！」は主婦が家族に呼びかける普段の行動で、子ども達はこの言葉に反応する。飼い主が給餌の準備をしているのを見たイヌが、この言語を連発するのだという。さもありなんと聞かせて頂くことにした。ミニダックスの「ゴホン　ゴホン」のにごった発音がそれに聞こえなくもない。飼い主さんは満足してせっせと準備に余念がない。

「行って来ます」「ただいま」この用語は人だけではない。15年も連れ添い一緒に寝ているネコに向かってかける言葉だ。出かけるので、そのことを告げて帰ると、ちゃんと出迎えて「にゃーん」と鳴く。言葉がけをしないと、お出迎えをしないそうだ。まさに主婦役を演じている。ついつい遊び道具か、ご馳走をお土産に買い求めるという。この話題になるとついつい話が弾む散歩中の犬友だ。イヌやネコ同士の会話は、恐らく動作で表現するのだろう。行動を動画でとらえて見せていただく機会が増えてきた。

（平成二十六年）

茶畑のキツネ

平成の「とふがあな」を見つけたり

埼玉県ふるさと自慢景観で、広大な茶を主体とする富士山や秩父多摩・丹沢連山を背景に武蔵野台地に開ける広大な茶園は、まさに自慢の景観である。しかしながら、都市近郊農地の問題点は、嗜好食品としての茶の消費量の低迷に放射線被害が拍車をかけた。さらに、害虫の発生、なかでもクワシロカイガラムシによる茶株の枯死被害がある。肥培管理の行き届いた優良茶園が狙われやすい。発生時期に見合った適切な駆除作業が行われている。適切な対応が欠けると茶樹の更新を必要とする。茶畑に囲まれた雑草畑の機械刈りをどんどんばりばり進めてゆくと、突然キツネが飛び出した。さすがに跳躍力は素晴らしい。コギツネも3匹走り去った。親子のようで、手を休めて見に行くと巣穴がいくつか見つかった。どうやら中でつながっているようだ。見かけた人も居て離乳近い家族のようだ。

キツネ耳

近くに食品関係の工場もあり餌には好都合だったに違いない。どうやらオキツネさまの「とふがあな」、すなわち稲荷穴の現代版というところだろうか。昔だったら狐付きを怖れてそれ以上手を出さず、油揚げをお供えして巣を守っただろうかと、後日ひとしきり茶飲み時の話題となった。

（平成二十五年）

幻の鳥コノハズクの声を聞く

「キョッコー　ブッキョッコー」の物寂しい声が裏山から聞こえなくなって久しい。まだ外は真っ暗で、今にも降り出しそうな梅雨期の6月26日の午前3時を少し過ぎた時分であろうか、シンとした空気のなかで窓越しに聞こえる鳴き声を聞き、思わず眠い眼を閉じたまま耳を澄ましていた。確かに聞こえるその声は、随分昔に聞いた記憶がある。姿を見たのは、保護された個体以外にない。種を確かめるため、CDとサウンドリーダーの双方から確認した。「ブッキョッコー」の3音が記録されているが、聞こえたのは2音が多かった。鳴きながら縄張りを宣言し、メスへの求愛もする。うとうとしながら30分ぐらいは聞いていたが聴きながらやがて寝入ってしまった。雌雄同色で夜になるとコガネムシなどの甲虫類やガを狩りに出かけ、明るくなる前に同じ場所に戻るので飛行する姿を見られないという。また、3音だと「仏法僧」と聞かれ、別種のブッポソウと間違えられたという。耳は顔の両脇にあり、耳のような羽角とは別物で、日本のフクロウ類のなかでは最も小さい。深夜の幻の声、今夜も聞けるかな！

「入間市の野鳥」（平成18年）に狭山丘陵の昭和58年5月1例の記録が載っているだけである。7月13日の夜中に「ホッホゥ　ホッホゥ　ホッホゥ」の声を聞いた。7月20日の夕方、再び裏山からこの声を聞いた。近くに居るなと考えて現物を確かめたいと思っていると、微かな羽音とともに目の前の電線に止まった。二つの眼の光と姿を天空に捉えて何枚かシャッターを切った。さとやま自然公園がこんなにも気に入ってくれたかと人声にも驚くこともなく、しばらくして音も無く飛び去った。

入間五座の由緒ある推定八百年の大ケヤキをご神木に持つ広瀬神社は、アオハズクが見られるとしてカメラマンの人気を集めている。

（平成二十五年）

「鵺（ぬえ）」の声

字体から何やら不吉を感じてしまう。岩波国語辞典によると伝説上の怪獣で頭は猿、手足は虎、体は狸、尾は蛇、声はトラツグミに似ているとされ、二条天皇を悩ませたので源頼政が紫宸殿で射殺したという。政界の鵺とはよく言ったもので得体の知れない人物に使われ、何時の時代にもいるものだ。大辞泉はトラツグミの異名としている。雄が繁殖の夜に「ヒーイ　ヒーイ」という実に淋しげな亡霊じみた声を繰り返す。まさに妖怪の呪い声を連想する。昼の明るい時に、林床の藪からヒョイと跳び出したところを撮影した写真を頂いた。何と墓地続きの藪だった。全身が虎皮模様で見つけにくい。留鳥または漂鳥。

（平成二十五年）

舌切り物語

昔話に動物報恩譚で有名な「舌切り雀」があり、明治時代に国定教科書に採用され有名になったが出会った記憶にこんなのがある。二枚舌と言えば前後矛盾したことを言い、うそをつくことだと人間性を疑われてしまう。さて、イヌを連れたご婦人同士が出会って久しぶりだというので道端でおしゃべりをしていると、突然片方のイヌが「ギャア」と叫んで口から血を吹き出した。どうやらおしゃべり中にイヌも仲良くしていると油断している隙に舌に咬みついたのだ。舌が縦に裂け、血だらけの二枚舌がぶら下がった。担ぎ込まれた時、はっきり二枚舌になったとの申し出があった。先端の一部に傷が残ったが、回復も至極順調だった。もちろん発声にも変化はなかった。舌を裂くほどに仲が良かったのか、悪かったのか。

ヤギは食性から草刈りに放たれる。河川敷で山羊がせっせと草を食んでいると、そこへイヌがやって来た。高校生の女の子が連れているフレンチドッグだ。近づいてリードが緩んだ瞬間、無心に草を食べているヤギの口に噛み付いた。驚いたのはヤギだけではない。お互いの飼い主もとんだ事態に面食らって血だらけのヤギを担ぎ込んで来た。流石に犬の歯だ。ヤギの下顎にしかない門歯はぐらぐらと揺らぎ舌の3ヶ所が裂け、口からこぼれていた。口腔だけでなくおまけに股間まで傷を負って痛ましい姿だ。3日間、食事が取れないでいたが、その後の回復は早かった。舌の裂傷の回復力の早いのに感心した。

ウシの流涎（りゅうぜん）で求診があると、まさかの思いがよぎる。あの口蹄疫の苦しみを思い出すのだ。覚悟を決めて診ると口唇の異常は無く、舌の分裂疾患を認めるとすぐに飼い主さんに大丈夫だと伝える。農家さんのホッとした顔が輝く。麻酔をかけ電気メスで舌の手術をする。大型扇風機の回転羽をなめてしまったようだ。大小二枚舌は一枚になった。

（平成二十八年・令和元年）

シカの輪禍

「電車にはねられ　出没鹿？が死ぬ　狭山、住宅街で5日目撃」

2015年6月9日付の東京新聞記事である。5日深夜、西武新宿線の狭山市・入曽間の線路上で上り電車にはねられ死亡した。電車は急停車したが乗客にけがは無く、4分後に運転を再開したという。5日には狭山市内の住宅街に出没していたらしいシカが7日の市の職員が捕獲をしようとしたが雑木林に逃げ込まれてしまった。入間基地に近く2メートルもあるフェンスを飛び越える跳躍力に驚いたという。おそらく、名栗川・入間川沿いにやって来たのだろうが、追いかけられて線路上に出てしまったのが不運としか言いようが無い。最近、シカの個体数の増加による農作物被害が話題になっている。

翌年の5月6日の夜のこと、八高線金子・東飯能間路線の通称長澤峠で3頭のシカが飛び出し接触事故となり1頭が車両に絡まり遅延した。都内の沿線電光掲示板に情報が流れ、身近な存在となった。

すでに、青梅線や西武線では事例があるにしても痛ましい事故である。線路上で警笛を鳴らしながら追いかけるシカやクマの事例はウエブで見るが横断時が危険なのは言うまでもない。関西の私鉄ではシカ踏切を設けて事故を未然に防いでいるという。

（平成三十年）

ミニブタ

やって来たノウサギ

突然の飛び出しで自動車のライトに目がくらみ、その場にうずくまって、正面衝突して動けないノウサギが運び込まれた。衝突の瞬間、二つの目が動かないままだったという。逃げる動作を取れなかったようだ。X線検査で骨の傷が認められ歩行に支障があった。絶対安静で治療したが、ケージ収容が苦手らしく盛んに脱出を試みるので広い入院舎に移しておいた。数日が経ち、気がつくと姿が消えていた。不十分ながら歩行出来るようになり、隙間から脱出し山へ戻って行ったらしい。野生の動物は本能的に囲われることが大嫌いである。ノウサギはアナウサギに属する飼いウサギとは別属別種の根っからの野生種なのだ。

ノウサギは山へ植林したばかりのヒノキ苗が好物なのか若芽を食い荒らすので、被害防止に苗木に網掛けをしたこともあった。畑の縦に掘った貯蔵用の穴倉に落ちているのを発見、脱出出来ないでいるのを救助したこともある。

学生時代、多摩の演習林で学生が山裾に横一列に並んで、棒で音をたて声を出しながら尾根に張った網に追い込んだウサギ追いを思い出す。ウサギ汁に興じ青春の血潮を沸かせた。まさに、文部省唱歌故郷の「兎追ひし彼の山」の実践版で、山の幸に感謝する往時の学校行事が思い出される。

（平成二十七年）

少女とウサギ

皮と邦楽器

和太鼓や三味線に動物の皮を使うことはよく知られているが、郷土文化財の獅子舞の太鼓が傷んだので役員さんが修理に出した。太鼓の桶造りの記銘であろうか明治9年（1876）と読み取れる墨書きが見つかった。皮は和牛で肌さわりの細やかさは雌が「絹」でしかも腹の皮が最適だとされる。雄やホルスタインの皮は「木綿」に相当するそうだ。元皮を水にさらして毛を抜け易くし、こそぎ落とし天日乾燥する。獅子頭をかぶり太鼓を腹にくくり付け舞いながら叩く、神に捧げる神聖な音である。効果音が何遍も試され吟味され、しかも長持ちすることが必要だ。

三味線の皮は古くからネコの皮といわれるが、北陸の山中温泉で思いがけず郷土山中節の歌と踊りを見せていただく機会があった。三味線の面に対に二つの黒い点が並んでいた。触らせてもらうとわずかに盛り上がりの感触がある。もしや乳首かな？　老練な芸子さんが、ネコの腹皮だと教えてくれた。高級な三味線はネコの腹皮で、練習用には犬の背中の皮を用いるそうだ。しかしながら動物の命と引き換えに邦楽を楽しむというのもなんとなく気が引ける。最近では合成皮革が当たり前になったという。古い町の伝統芸能と本物の楽器に接する機会があった。沖縄の三線は蛇皮を用いていたが、最近は蛇皮プリントの合成皮革になったと聞く。

（平成三十年）

ウサギ穴

ＰＥＤ（豚伝染性下痢症）の恐怖

近くの東京都瑞穂町の養豚家と青梅市の東京都畜産試験場に豚の感染症ＰＥＤが平成26年（２０１４）に発生、翌年2月8日入間市で、同月12日に近くの所沢市で今冬2例目の発生があった。幸い2例とも症状は種豚・子ブタとも軽く、損失も軽微であった。深く浸潤すると子ブタの死亡例が多発し生体の移動や立ち入りが制限される。

かなり前に入間市養豚研究会の定例抗体検査の際、ＴＧＥ（豚伝染性胃腸炎）とあわせてＰＥＤ抗体検査を実施したところ、すでにＰＥＤの陽性反応が確認されていた。過去に発症したＴＧＥはＰＥＤとの混合感染もあったようだ。症状はＰＥＤの方がかなり軽い。

ＰＥＤの全国的な発症によって、食肉出荷頭数の減少を招き、養豚家の経営不振が発生、国家的な対策としてＰＥＤワクチンによる防疫が講じられた。しかしながら、ワクチンで防ぎきれず飼養衛生管理基準の順守に負うところが大きく、次第に陰を潜めて寒い冬を乗り越えている。温度の寒冷が大きいようだ。

（平成三十年）

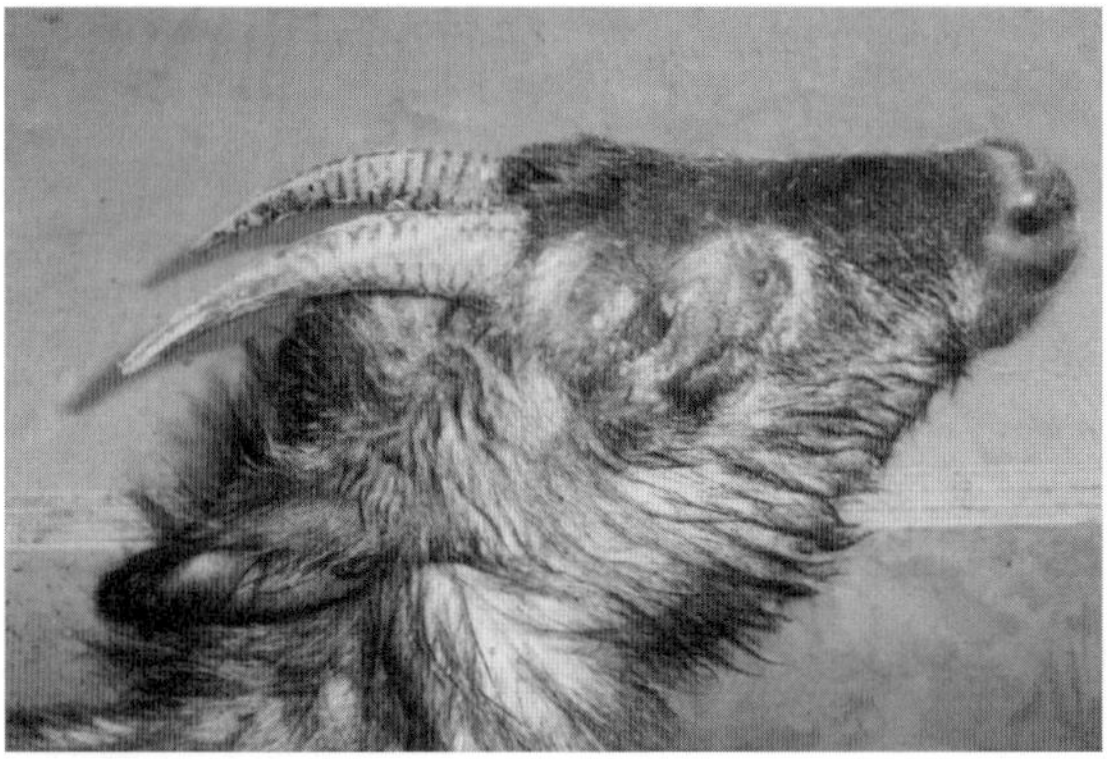

高齢のニホンカモシカ

「矢が刺さったカモ」事件顛末記

入間基地跡の県民憩いの場として作られた彩の森公園は、市民にとって身近な存在である。10月の末、池に「矢が刺さったカモ」がいると管理事務所に知らせがあった。その様子が可哀想でたまらないという。

公園管理事務所から連絡を受けた環境管理事務所が確かめ狭山警察署に通報、鳥獣保護法違反の疑いがあるとして、にわかにテレビで報道され関心を呼んだ。テレビ記者が現場に張り付いて収録した。関係者一同、何とか矢を取り除いてやりたいと捕獲を試みた。しかし、相手は池の中を泳ぎ回りしかも羽を持っているのだ。好物そうなパンの耳を岸辺にまいて、近くにやって来たところを捕獲網で保護するしか手立ては無い。餌付けをすると何羽もやって来て邪魔立てをする。何回か試すうちに相手も警戒したのか近付かなくなった。かれこれ10日が経ったが元気はある。この頃、「吹き矢の刺さったカモ事件」が兵庫県でもあり、防犯用トランンチャーを使っているとのことから、これを採用することになった。報道陣のカメラの前で餌まき係と後ろに発射係が控え、パンの耳をまいてそろそろと近付き岸辺に引き寄せ、ついばみながら歩く頃合を見計らって発射した。ネットがクモの巣状に広がりカモは逃亡しようと暴れていたがあえなく抑え込まれた。この模様は女子アナがテレビでしっかり実況放送していた。まるでバズーカの様だと形容していた。

ダンボール箱に通気用の穴を開け、衝撃除けのタオルを敷いて車で連れてきた。オナガガモのオスで体重0・8キロ、若い成鳥だ。左頬に矢の先らしき物がしっかり刺入している。治療の準備をしていると二人の若い女性がやって来た。保定や器材の準備・記録写真の撮影を手伝ってもらいながら、警察の方だと分かった。保定2、撮影1、器材1という助手4人で仕事を始めた。刺入の程度を確認するのにレントゲン検査が必要だ。むやみに抜き取ると危険だ。身体をタオルで巻き、つつかれないようにくちばしを外科テープで鼻孔を避けて一巻き、猫用マスクで目隠しした。レントゲン検査の結果、木工用ネジ（7・5センチ）の刺入部が意外と深く（1・5センチ）危険を避けて無麻酔でドライバーをゆっくり回転、その後手動に切り替えた（写真12）。

10日余にわたる傷でじわりと出血し化膿臭を認めた。予後は良好だが、放鳥には経過観察が必要と判断され、県鳥獣保護センター（川越）に協力を要請した。

順調に経過し、報道記者の張り付きの中、翌日の11

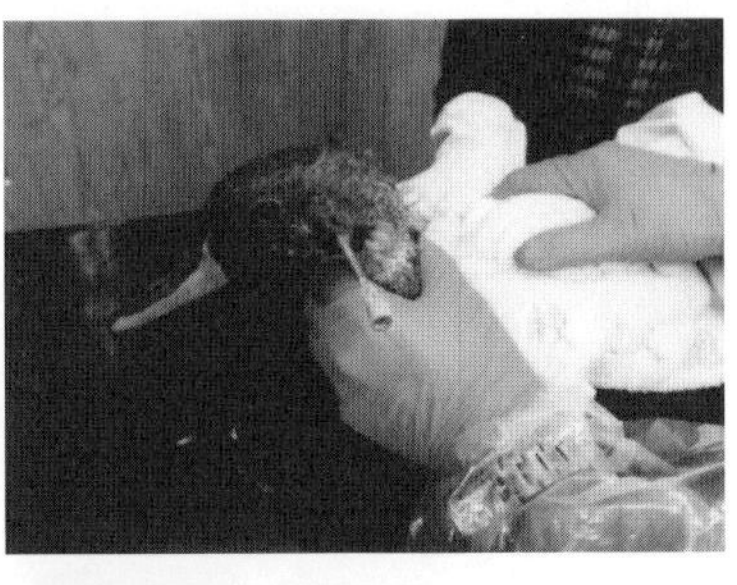

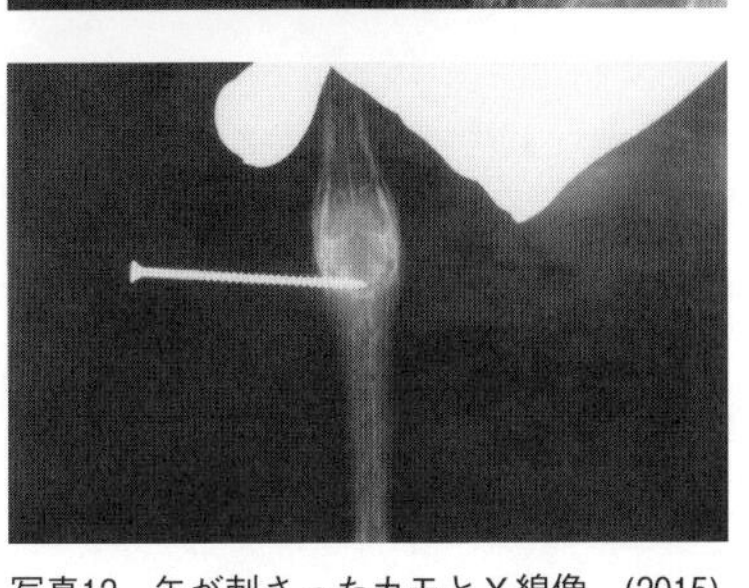

写真12　矢が刺さったカモとX線像　(2015)
木ネジ矢が際どく刺入し、あやうく一命を落とすところだった。
テレビでも放映された画像。

月5日午前11時頃、元の彩の森公園の池に放鳥され、元気に飛翔して泳いだり潜ったりした。傷をやや気にするように見えたが一件落着となった。

　この経緯は新聞やテレビで報道されたが、11月5日のTBSのNスタは事件経過を詳細に放送していた。鳥獣保護法違反が疑われる今回の事件は、管理者・環境事務所・警察署・獣医師・鳥獣保護センターに連携プレーされ、衆目の中で自然復帰できた意義は大きい。不用意ないたずらが起きないよう誰もが願っている。

（平成二十七年）

大日如来石像（白鬚神社の裏手高台）

雄豚ついにTV出演？

NHK人気番組「キッチンが走る！」が入間市へやって来た。俳優・杉浦太陽が食材探しに走りまわって特産品三点を集約した。狭山茶（池乃屋園）と原木しいたけ（貫井園）はそれぞれの地域に根ざした産品を栽培から口にするまでを見事な切り口で紹介した。加えて豚肉（長谷川商事）では、飼育現場を詳細に取材し、いわゆる三元交配産肉の原点とも言うべき品質に大きく影響するデュロック（D）雄豚の活気にあふれた姿と園主の取り組み解説を細かに放送した。もちろん数十頭に及ぶきちんと並列のランドレース×大ヨークシャー（LW）雌豚のストール配列も放送した。良質な枝肉の生産に欠かせない飼育現場の防疫状況や行き届いた「飼養衛生管理」の有様が紹介された。

　調理の現場では園主の母親も出演、生産食材を楽しげに調理する姿は、視聴者に格別の味わいを醸し出した。この豚肉は、ふるさと納税品目の一つでもあるという。生産品の協調出演に拍手！

（平成二十八年）

シラサギ

吹奏楽に魅せられた？サル

秩父山系の入り口に開けた街は、緑豊かな丘陵地の住宅街が目立って美しい。野生と共生するのが当たり前のような新興住宅地である。もちろん東京への通勤距離圏にある。丘の上に立派な中学校が建っている。梅雨の6月24日（土）の午後3時過ぎ、役所からサル捕獲の応援出動の電話が入った。捕獲用の薬を持って応援に来て欲しいという。学校は休日なのにおかしいと思いながら駆けつけると3階の1Aの教室の廊下に待機の人達が10人ぐらいいた。捕獲用具を持った警察官5人と市役所・学校関係者が教室に突入。驚いたサルは教室中を駆け巡り窓のカーテンにぶら下がったり黒板を走ったり、とにかく脱出しようする。網やブルーシート、網袋と屈強な警察官の力で教室の隅で抑え込まれた。シートの隙間から麻酔をかけ、静かになったところで移動すると再び脱出逃走したが間もなく抑え込まれて、静かに捕獲器に頭から入れられ収監された。主力で活躍した若い屈強な警察官は、イノシシの捕獲経験を語ってくれた。教室中サルの汚物と異臭に満ちたが、休日の学校に忍びこんだことは今後の課題を思わせるものだ。ところで吹奏楽の部活中の演奏に魅せられたのか教室に迷い込んでみたものの、生徒達の驚きにビックリして件の教室に閉じ込められる破目になったのだ。

教室の清掃消毒と捕獲サルの麻酔のさめる放野時間を伝えて現場を離れたが、15キロ超のはなれオスで特に危害は及ぼさなかったが、今後このような捕獲騒動が起きないことを祈るばかりだ。

（平成二十九年）

エコヤギの登場

北の農村地帯に小さな川が流れ、護岸用に土手が築かれて久しい。土手草を刈り取る者も無く伸び放題で失火でもしたら大変だと、近くに住む東京で定年退職した男が草刈用にヤギを飼うことを思いついた。つがいでシバヤギを飼い始めた。小屋を器用に手作りして快適なヤギ舎が出来あがった。朝になると2匹のヤギをリード無しで連れ出す。うれしそうにはしゃいで男の後を追う。その後ろを小型のミックス犬がついて行く。土手に着くと早速草を食い出す。リードを固定し、土手に落ちているビニールを見つけると急いで拾い集める。ヤギとイヌは男のパートナーだ。朝、出かける前に集積所へゴミ出しに行くとこの3匹がリードなしで連れ立ってついて来る。ヤギを見た中東出身らしい人が、譲ってくれと言ってきた。不思議に思った男が、どうすんだと聞いたところ、食べるのだと言われて驚いた。ペットを食べる宗教国土の違いにビックリしたと話してくれた。草で満腹のヤギの腹はまるで腹に子が居るように大きく横張りしている。いつ産まれるのかとよく聞かれるそうだ。2匹はとても仲むつまじく片方の姿が見えないと寂しい振る舞いが分かるという。時にはイノシシと絡み合いをするとかで雄の片方の角は折れて無い。男は、このパートナーとの生活をこよなく愛し、今日も家族のような犬と山羊の3匹を連れて土手へゆっくりと歩き出した。土手草はきれいに片付き、静かな風情を醸し出している。ヒガンバナの株があるが食べないそうだ。有毒なことを先天的に知っているという。

正丸峠を越えた秩父盆地の入り口に位置する武甲山は、石灰岩採掘で山肌を削られピラミッド型に変形した1300メートルを越す山だ。休日には登山を楽しむ人も多い。ふもとに可愛いヤギが出迎えるカフェを開業し、地場商品を開発提供する移住者さんだ。朝日新聞でも紹介されたが美大出で海外生活の経験を持ち、スローライフをモットーにヤギと生活する田舎暮らしの毎日だ。人もヤギも健康で跳びまわって暮らす世界だ。イノシシと闘ったのか右後肢の脛骨を骨折して運ばれてきた。後ろから攻撃されたのだろう。股間が擦られて脱毛していた。冬場は、ロッジを休んでいるので人の気配がないから、イノシシやシカの到来は十分うなずける。

西武線の横手駅前南広場のヤギが乗客に人気がある。悠々と草を食みながら電車を見ている。新聞でも報道され他の私鉄路線からの見学もある。世話は保線区職員が交代で生えている草以外に野菜くずやペレットを与える。世話は近くのボランティアから保線員さんにひきつがれた。若い保線員さんに採用時にヤギのことを聞きましたかと問うてみたが誰も答えない。鉄路の安全とヤギの管理と山里鉄道の宿命のようだ。若い職員は微笑みながら餌を運び、待っているヤギに近づいて行く。武蔵横手駅は、西武鉄道の秩父方面への入り口にある急行通過の駅だ。乗降客の数は少ない。社有の空き地の草刈は保線上の大切な仕事だが、ヤギに助っ人を頼むことになり、近くの建設会社さんの手引きで平成21年（２００９）から飼い始めた。「エコな保線係」「地域貢献山羊と触れ合う」「アイドル保線員は草食系」などのメディアの表現で注目されてきた。乗客が見つめる先に草を食む姿は他所の駅にない情景だ。年数が経つと数も減り、今は高齢メスの「みどり」だけとなった。保線員さんが好物のキャベツを持って来るのを楽しみにしている。休日が続くと野草だけとなる。ある日、おばあさんから保線区へ電話が入った。「ヤギさんの膝が痛そうにびっこですよ」と。関心を持って見守る熱い視線を感じながら、保線員さんが世話を続けている。まるで、ヤギの楽園のようだと。放牧地の片隅に「エコに協力したヤギたち」のメモリー碑がある。

写真13　ヤギの結婚挨拶状　（2020）
シバ系ヤギの角は立派。高齢結婚で残念ながら子どもは産まれない。

　この風情に魅せられた東京住まいのご夫妻が、ついに駅の近くに移住し2年ほど都内に通勤したが、今は近隣の農家さんとの縁で傾斜地の畑にユニークなヤギ舎を建て、アルペンを思わせるヤギとの共同生活を楽しんでいる。

　住まいが野草の伸び放題の傾斜地にある。草刈用にヤギを飼おうと思いついた。ホームセンターでシバヤギと出会った。もともと田舎暮らしが好きで鶏小屋を兼ねてヤギ舎を作った。野草の見分け方も研究し、何年来問題なく過ごしている。名前は品種からヒントを得て「しばちゃん」と名づけた。子どもたちが通ると珍しがっていたが、今は、当たり前の風景としてなじんでいる。お利口さんで飼い主に良くなつき角を向けることもない。定期的に来院するが、バンにケージを積んで跳躍して乗り降りする。幸い同居の2羽のニワトリとのいさかいもないようだ。その後、飼えなくなった立派な角付きのヤギと同居させたが、よく馴れて柔和な顔をつき合わせた写真を頂いた。「私たち結婚しました」のあいさつ文がゴシックで書き込まれていた（写真13）。ユーモラス？が生きる丘陵は日の出が眩しい朝を迎える。

（令和二年）

出産直後の初哺乳　（2021）
昔からのザーネン種　双子出産直後の初哺乳。

キツネを撮る

早起きは得意だ。日の出前の明るくならないうちに家を出てキツネの行動を探る。入間市内二本木の常岡春雄さんだ。定年後で比較的自由の身である。もちろん望遠レンズ付きのカメラを持って出かける。茶畑が多く、手の回らない畑がところどころにある。剪定が遅れて徒長した茶樹の畝間の草陰に、土が盛り上がっていわゆるキツネ穴がある。穴は一つではなくあちこちに繋がっている。目的地からかなり離れた場所に軽トラックを静かに駐車する。農家の使用者が多く警戒しないからだ。音をたてないように静かに匍匐（ほふく）前進する。日が出る前のシャッターチャンスを待つ。穴の近くに子キツネが出ていると親キツネも近くにいる。穴から出た3匹の子キツネは仲良く遊び始める可愛い頃で、明るさを増すといわゆるキツネ眼が縦に細くなる。親キツネが餌探しに出かけた後も子どもだけで遊び始める（写真14）。穴の近くには、耕地に直線的な足跡とキツネ穴の近くに餌となったものの骨片などの食べ残しが見られる。日中はほとんど穴に隠れて姿を見せないが、夜間に餌探しに出かける。家畜の出産後の胎盤を持ち去ることもある。

餌を探して物置に入ったキツネが出入り口を締められて逃げ場を失ったが、キツネ穴を掘って退散しているのを翌朝発見、穴掘りは得意だ。独り立ちすると昼間樹林の陰で熟睡する寝姿も撮れた。ともあれ、食糧の神として神格化されたお稲荷様（宇迦魂・倉稲魂）は、屋敷神として家々で祀る。また、上小谷田の稲荷様は、沢山の赤い鳥居の奥に鎮座し節分でにぎわう。

（平成三十一年）

写真14　キツネの親子　（撮影 常岡春雄 2016）
手入れの行き届かない茶畑で繁殖　陽が出る頃、親子で姿を見せた。
キツネ目になっている。

キツネ穴　（2021）
別の場所で見つけたキツネ穴　まわりに捕食の遺物がある。

CSF（豚熱）再発を憂う

生命系の混迷が起きたか。豚コレラが清浄化に向けてワクチン接種を知事の許可制で延期し、清浄化を達成したとして平成19年（2007）4月からワクチンを用いなくなったが、幸い豚コレラの発生は無かった。国内最終発生から26年が経ちワクチンを止めてからわずか11年で恐れていたことが起こった。岐阜県で平成30年（2018）9月、野生イノシシと養豚場に、しかも安全であるべき県の施設で発生した。入間市では国のワクチン終了当初から野生イノシシでの発生を最も恐れていた。その対策は容易ではない。安全性について危惧を持つ養豚場への侵入は、電気牧柵を用いても安全とは言い難い。

大発生が報告されている。既に初発から相当の日数が経った。殺処分に自衛隊の出動を要請しながらも続発する事実は、ワクチンによる封じ込めの経験からすれば誠に遅々としたものだ。養豚家はワクチンの接種を断ち切られ、防疫線を張りながら、必死の思いで生活している。発生すると殺処分のみの現状は、規模拡大した農場では経営の継続を困難にする。愛知県で続発し38例目の発生となり防疫処分が50農場、9万5千頭を超えた。保険制度や国家補償があるにしてもあまりにもきつい。

今後の輸入外圧とのからみの中でおざなりだった野生生物の感染力を抑える手立てが早急に欲しい。イノシシの輸入経口ワクチンの埋設投与が始まったが、採食率は1割とか。養豚農家の見えない敵におののく悲鳴が聞こえてくる。野生イノシシへの感染から懸念していた埼玉県内への発生が秩父市・小鹿野町であり41・43例目となった。県は緊急対策費10億円余を計上した。知事が消毒命令を発し、消石灰を各戸に配布し感染防御に努めた。8月時点で感染イノシシが1千頭を超え6県53市町村に及んでいる。発生地周辺のワクチン使用の許可要請が盛んで、地域限定の接種是非の検討に入った。入間市養豚協会は、全体会議を招集、会員のワクチン接種を確認決議した。要望書を作成、田中市長は新井農業振興課長を伴い県副知事にワクチン接種要請を行った。協会顧問の斉藤正明県会議員の指導があったことはいうまでも無い。最終的には、国は防疫要綱を改正、令和元年11月から県のワクチン接種が始まり沈静化に向かった。接種直前の深谷市の発症例は残念なことに殺処分を免れなかった(写真15)。

(令和元年)

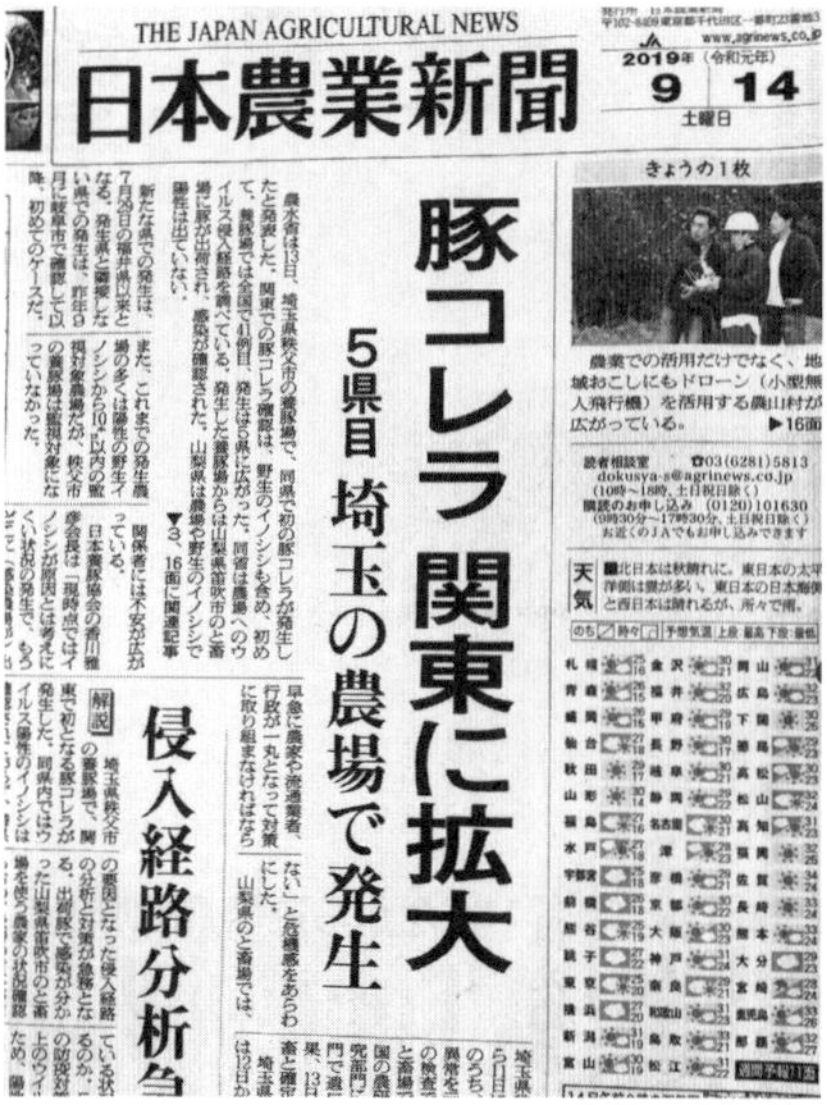
THE JAPAN AGRICULTURAL NEWS

日本農業新聞

2019年(令和元年) 9 14 土曜日

豚コレラ 関東に拡大

5県目 埼玉の農場で発生

農水省は13日、埼玉県秩父市の養豚場で、同県で初の豚コレラが発生したと発表した。関東での豚コレラ確認は、野生のイノシシも含め、初めて。養豚場では全国で41例目。発生は5県に広がった。同省は農場へのウイルス侵入経路を調べている。発生した養豚場からは山梨県笛吹市のと畜場に豚が出荷され、感染が確認された。山梨県は農場や野生のイノシシで陽性は出ていない。

新たな県での発生は、7月29日の福井県以来となる。発生県と隣接しない県での発生は、昨年9月に岐阜市で確認して以降、初めてのケースだ。

また、これまでの発生農場の多くは陽性の野生イノシシから10キロ以内の監視対象農場だが、秩父市の養豚場は監視対象になっていなかった。

関係者には不安が広がっている。日本養豚協会の香川雅彦会長は「現時点ではイノシシが原因とは考えにくい状況の発生で、もろ……早急に農家や流通業者、行政が一丸となって対策に取り組まなければならない」と危機感をあらわにした。山梨県のと畜場では、……

▼3、16面に関連記事

侵入経路分析急

解説 埼玉県秩父市の養豚場で、関東で初となる豚コレラが発生した。同県内ではウイルス陽性のイノシシは……

きょうの1枚

農業での活用だけでなく、地域おこしにもドローン(小型無人飛行機)を活用する農山村が広がっている。▶16面

読者相談室 ☎03(6281)5813 dokusya-s@agrinews.co.jp (10時～18時、土日祝日除く)
購読のお申し込み (0120)101630 (9時30分～17時30分、土日祝日除く) お近くのJAでもお申し込みできます

天気 北日本は秋晴れに。東日本の太平洋側は雲が多い。東日本の日本海側と西日本は晴れるが、所々で雨。

写真15　豚コレラ県内発生を報じる新聞(2019)

入間市内は発生も無く、追加接種とともに抗体検査を実施した。飼養衛生管理の対策でイノシシ侵入防護柵の設置指導が展開された。ついに海を越えて沖縄県に侵入した(52—57例目)が、さらに、3月に入り58例目が発症し防疫措置が実施された。沖縄固有種のアグーの安全が課題である。市内養豚場は、侵入防護柵設置と定期的に県家畜防疫員によるワクチン接種が行われている。なお、国は病名が適切で無いとして「豚熱」と改めた。

(令和二年)

災害と動物・ペットの同行避難

災害は忘れた頃にやってくる。備えあれば憂いなし。実に当たり前のことだ。思わぬ災害で避難が余儀ない場合、家畜やペットをどうするか。過去の災害を振り返ってみると、三宅島の噴火災害の全島避

難（２０００）では、三宅高校は秋川高校の空校舎を使用したが、島で飼育されていた乳牛が都経済連を通じて入間市の酪農家も避難に協力した。また、東日本大震災（２０１１）での放浪動物の発生は、放射能汚染を検査済のペットは当地民間レベルで受け入れたが、さまざまな問題点が明らかになった。

　これらのことを踏まえていわゆるペットの同行避難が検討され、埼玉県獣医師会と県との災害時救護活動協定に準じて入間市と獣医師会狭山分会と協定が成立（２０１８）して調印に持ち込まれた。ペットを家族の一員として位置づける時代となり、いわゆる同行避難が自主防災訓練に組み入れられてきた。環境省も指針を公表した。災害時の市民生活に少しでも役立つことを念じたい。ペットのケージや給餌給水から、ワクチンの接種等あらかじめの心構えが求められている。飼い主向けに「ペットの同行避難マニュアル」が作られた。

（平成三十一年）

サギの舞う里・ごほんだばし

八幡神社のご祭神は、第15代応神天皇すなわち誉田別尊で宇佐八幡を本宮とし各地の神社数で最大である。上谷ヶ貫の八幡神社は、甲斐武田家にゆかりの一族が住み着き文和3年（１３５４）勧請したと伝える、鎌倉幕府が滅亡して20年後のことだ。神仏習合の御神体で二体の阿弥陀如来の懸け仏を祀り入間市有形文化財に、獅子舞は市の無形文化財に指定され平成15年（２００３）指定30周年記念事業でドイツ公演（写真16）し好評を博した。丹色の両部鳥居に菊の御紋章をつけるこの地域では珍しい神社である。小田原北条支配の頃、中山信吉（現在の飯能市中山）の知行地？であったか関が原の合戦後、社殿が寄付されている。家康の思いめでたく水戸家傅役として家老となり黄門様にゆかりを持つ。茨城県高萩市を知行、現在飯能市と友好都市の関係にある。その後、大久保氏知行を経て、村垣淡路守が大政奉還の6年前に、日米通商条約副使として渡米、功績により上谷ヶ貫村を加増され、文久年度に近隣に例のない、三方彫刻の見事な本殿が祀られ今日に至る。村垣淡路守範正の「遣米使日誌」は異文化の眼で見た日誌として有名である。

写真16　「上谷ヶ貫獅子舞」のドイツ公演を伝える現地新聞。

蓬と呼んだ境内前方の地名を地租改正図面で氏神の諱から南北の御誉田と命名し、繋ぐ橋を地蔵橋から「御誉田橋」（写真17）と名づけた。後に明治の道路拡張で桂川橋袂に鎮座した任随地蔵尊、さらに昭和の拡張で2体の庚申塔と大きな文字庚申塔は村の菩提寺西光院境内へ移転した。袂の高札場や石道標「はちおうじ」「志んがし」を記す貴重な道だった。人家の集中する桂川沿いは、氏神守護の土地である。川は桂川（霞川）と呼ばれ、青梅市根ヶ布の古刹天寧寺境内の湧水「霞ヶ池」（写真18）に源流を持ち、まさに仏様の懐から流れ出る。約16キロメートルの一級河川で橋数が60本もあり、桂の名がつくのが3本ある。往古に朝廷から派遣の役人が故郷を懐かしんで「桂庄」「八瀬里」とした伝説を持ち、八瀬橋が村の

写真17　「ごほんだばし」の景観　(2023)
護岸工事（2002）で川幅を拡げ川底を掘り下げ流水量を大きくし、天端に防護フェンスをつけ、管理道は通学路に指定された。カルガモ、マガモ、カワウ、シラサギ、アオサギ、カワセミなどの鳥類が棲む。魚類もコイ、ハヤ、オイカワ、クチボソ、メダカなどが観察される。

写真18　桂川の源流・天寧寺と霞ヶ池　(2022)
16キロメートルの流域を持つ桂川は、青梅市根ヶ布の古刹・都史跡天寧寺本堂裏の霞ヶ池に源流を持ち、仏の懐から湧き出る。

中央部にある。狭山市に入るとすぐに入間川と合流し、やがて上江橋（かみごうはし）の近くで荒川に飲み込まれ東京湾に入る。地域を潤す藤橋城跡北面の水田（写真19）は見事だ。

橋下の淀みにコイが群れ、餌やりの足音を聞き分け群れ数が増える。いずれも肥満体がらみの体格である。天端管理道は通学路として整備され、桜並木の下を子どもたちの朝夕の歓声が川面に響く。雑魚を狙うサギや時にはカワセミのホバリングを狙ったカメラマンがやってくる。サギやカワウの餌場になっている。カルガモの子連れの泳ぎは見もので人気だ。10羽を超えることも多い。マガモも見かける。年2回行っていた地区の川の草刈も生物保全のため昨年から中止になった。ここで小魚を狙うカワウは敵視され駆除対象となっている。通学路の木株に腰をおろし川面を眺める散歩者も多い。法面（のりめん）の在来スミレの群落はアジサイの下地に映える。散歩者がヒヨドリ、エナガの集団やウグイスの声に、あるいはコゲラの叩音に聞き耳を立てる。桜並木が満開の頃、新しいランドセルが通いはじめる。金子小学校の通学区紹介ホームページに写真が掲載されている。

写真19　藤橋城跡北面の水田　（2022）
流域で活用される代表的な水田。

コロナ禍でマスク生活が3年になる。川の南側に通学路があり、ボランティアの見守るなかを子ども達が学校へ急ぐ。橋の北側の青い屋根と南側の日本瓦の二階建ての立派な棟瓦や鬼瓦にアオサギとシラサギが留まってゆうゆうと見下ろしている。鯱（しゃちほこ）ならぬシラサギ（写真20）のお出ましだ。朝の姿は長い肢を伸ばし鬼瓦と並んで神の輝きを見せている。夕方、「グアー」と飛びながら鳴く頭上のアオサギの声は夕刻の時報のようだ。

（平成二十一年　令和四年追記）

写真20　ごほんだ橋近くの二階建て鬼瓦に立つシラサギ。

オオタカとの出会い

「なんだ、この鳥は？」金子山を背にした民家の南向きガラス窓室内にバタバタ羽音を響かせてカラス大の鳥が舞い込んだ。体の模様からどうもタカのようだ。巣立ちして間もなく迷い込んだのだろう。やがて前庭に跳んでうずくまった。まもなく態勢を取り戻すと羽ばたいて山の方へ飛び去った。ご主人が写真に収め早速パソコンで調べたところ、オオタカだと分かった。金子公民館へ写真と屋内に飛び込んできたことを説明文に付け加えて展示し、多くの関心を呼び話題となった。（談・神山忠一）

この裏山の尾根奥の蓬谷（旧称・ムジナオネ）に大きなモミの木が何本かあり、その一本にオオタカの営巣が確認され生息域であることは分かっていた。また、狭山丘陵では、オオタカの密漁監視が機能し繁殖が確認されているが、丘陵北面の宮寺地内高圧線鉄塔の高い足場に巣作りされた。餌を求めて悠々と鉄塔の周りを飛翔するのを見た。近隣住民はハトを攻撃する瞬間を見守り、どうも子が居るようだと。（談・西島聖治）

さらに金子・上谷ヶ貫のだいやま北面で野放しのチャボとキジバトがタカに狙われ、羽根をむしりとられ捕まれて金子山へ連れ去られるのを目撃した。

タカ類のトビが舞う姿は餌場との関連があるらしく、市内の宮寺・工業団地・金子方面での数羽の飛翔は珍しくない。タカ類の握力は強く腕当ての準備が必要である。

（平成十七年）

オオタカがキジバトを捕獲の瞬間

外来生物・有害鳥獣との闘い

外来生物法が制定されて10余年が過ぎた。生態系に悪影響を及ぼすと、捕獲が行われるようになった。侵略的生物として対象になったのがアライグマだ。人気番組「あらいぐまラスカル」の影響で輸入され飼われたが、成長すると狂暴になり、飼いきれず野に放たれ自然繁殖して問題化した。

分布の予備調査で高速道路の首都圏を離れた地点で多く生息することが分かった。家屋の天井裏に侵入して汚物を排泄し、器物を損壊する。農作物の収穫期にスイカやトウモロコシを食い荒らす。スイカは上手に穴を開け手ですくって中だけを食べ、皮がきれいに残る。トウモロコシは真横に倒し房の実をきれいに食べる。同じようだがハクビシンは斜めに倒す。タヌキは倒すが地面に接したところは食べない。ただし、飼料用のデントコーンは食欲がでないのか手を出さない。果物でもそれぞれ食べ方の特徴がある。

捕獲には特定の研修が必要で、市町村の担当者や農業従事者の研修修了者が箱罠を設置する。吊り餌式から踏み餌式あるいは腕挿入式までさまざまな工夫がある。餌で効果があるのがキャラメルコーンやバナナだとされているが、ヒトの食べ物も用いられるがネコが入る恐れがある。捕獲数はなんと2080頭（埼玉県平成29年度）にもなる。数字が右肩上がりなのが気になる。農作物の被害対策に市町村が独自に指定する有害鳥獣にイノシシ、シカ、ハクビシン、タヌキ、アナグマなどが含まれるようになった。特に、ハクビシンはかつて珍獣だったが今はどこにでも居る。多くは空き家の天井裏に住み着き水路や電線を通路にする。長い尾でバランスを取りながら電線を綱渡りする。足指の電線を掴む構造や足底の滑り止めと身体のうねりなどまさに侵略的なつくりだ（写真21）。

餌となるものを置かず、ねぐらを造らせない、大切な作物は電気柵で守ることだが夜行性が多い。感染症

写真21　民家に侵入しはじめたアライグマ
（撮影 常岡春雄 2006）
外来生物法が2005年６月から施行された。

への留意も必要でアライグマはアライグマ回虫が、タヌキはヒゼンダニや寄生虫の感染が多い。シカはマダニの寄生が、アライグマやハクビシンの感染例は少ないようだが油断はならない。恐ろしいウイルスのキャリアーで無いことを祈るばかりだ。畜舎や野菜畑の他、餌となる動物の飼育場も狙われるところだ。イノシシやシカのジビエの研究も始まってきた。

（令和元年）

空飛ぶ？・哺乳類

鎮守の森を子どもたちが清掃しながら、ご神木の大きなシイの木の穴を見つけて竹箒を差し込んだ。驚いて飛び出してきたのはなんとムササビだ。飛び去っていったが、神社覆殿の破風下の妻板にまるでネズミがかじったような穴が開けられているのが見つかった。天井裏に住み着いたようだ。穴をふさいで近くの木に巣箱を取り付けた。丘陵が公園化して巣箱が新たに取り付けられたが、やがてムササビが住み家として重宝したらしく、愛嬌（あいきょう）たっぷりな顔をのぞかせるようになった。暗くなると皮膜を広げてグライダー式に滑空して樹木に飛び移る。器用に邪魔物を避けてつぎの木に止まる。懐中電灯で二つの眼が光るので確認できる。楽しみな瞬間だ。ムササビ雄の個体をレントゲンで調べてみると、皮膜の発達に合わせて手や足の骨格が見事に徒長し、指関節はがっちり木の幹を掴まえやすいように発達している。胴体は流線型で細長くバランスが取りやすく体長40センチ・尾は30センチの長さだ。腹腔は胸腔の2倍はあり、背骨の伸びが大きい。

空飛ぶ哺乳類で夕方日没後よく出会うのがコオモリだ。特徴的な飛び方をする。民家で保護されたアブラコオモリがやってきた。木の枝をしっかり捕まえてぶらさがっている。暗くなるのを待って、日頃コオモリの飛んでいる森の入り口の木の枝に掛けていた。翌朝、様子を見に行って姿が見えなかったので自然界に戻ったのだろう。不気味な顔をしているが食虫性で一応益獣という範疇に入るのだろうか。ネズミに似た糞が軒下で見つかると家屋に住み着いている共生者でもあるが、どうも歓迎されない生き物だ。洞窟の天井に逆さにしがみついてじっとしているキクガシラコオモリは、近づくと驚いてぶつかりそうになっても上手に避けて飛ぶ。超音波でキャッチする能力は凄い。中国でコロナウイルスの宿主としてどうも敬遠される動物種だ。

（令和二年）

ニホンカモシカが定住？

もう10年以上も前に（平成21年（２００９）の5月）ニホンカモシカが八高線長澤峠近辺に出没し、近くに保育所があることから警察の協力で交通遮断をして保護し、市役所職員が生息地に還したことは『動物かかわり記』（回星社　２０１０）で記した。その後、寺竹の宅地際の竹林に平成29年（２０１７）5月4日9時頃と翌年30年（２０１８）の4月13日の朝、アケビの葉を食べているところを家人に発見された。その後、6月3日午前11時頃丘陵南斜面の下谷ヶ貫地内に出没したところを写真撮影され市役所に通報、早速6月6日付の市のホームページに「特別天然記念物　ニホンカモシカ発見」のタイトルで掲載された。市内寺竹の山際の竹林や上谷ヶ貫の裏山茶畑の奥にある屋敷神・稲荷祠参道に出没時にはしっかり家人に撮影された。その後同じ場所に暗くなった頃雌雄のシカが出没している。

カモシカはウシ科のおとなしい性格で隣の飯能市では当たり前に見かけられたが、崖生活はお手のもので丘陵伝いに移動したのだろう。どうやら仲間（家族？）もいるようで武蔵野音大構内出没では入間市博物館のお世話になった。突然山辺の民家に現れて犬に吠えられたり、蓬新道では運転手をビックリさせたり、仏子小学校出没では驚かさないようにと運動場の児童を教室内に入れたりと対応の情報が寄せられている。ウォーキングでの出会いを求めて山歩きを楽しむ人も、おとなしいが驚かさないようにと気を配っている。どうやら「さとやま自然公園」が御気に召して定住？のなり行きのようだ。ブラウザー食性で食べ物には困らない。現在のところ、個体数も少なく農林業被害や人への被害も無く、さとやま自然公園ウォーカーとの出会いが増え、愛称の「さくらちゃん」まで命名された。農村環境改善センターでテニスコートのプレーを小高い丘からジーと眺めている姿はユーモラスでもある。ユーチューブでの紹介もありペット的存在としてわざわざ面会のウォーカーも来る人気者である。数頭の家族にとっては適度のゾーニングのようだ。やって来たカモシカが安心して暮らせるさとやま自然公園でありたい。お互いの幸せのために静かな共生の時間が望まれる（写真22）。

飯能市では「日本カモシカの暮すまち　ハンパない飯能」の文字とともに大きな「カモシカの立ち上がり

写真22　さとやま自然公園下の屋敷へやって来たニホンカモシカ　（撮影 上原久江 2021）
眼の下の臭腺と角から３歳前後？

写真」が誇らしげに市中心部の交差点にすえつけられ目を引いている。民家の庭に現れ、ボーと草を食べていた幼獣に近隣から応援も駆けつけ、必要な治療を施して山へ還す努力を惜しまない心優しい人々の住む山麓だ。

固有種ニホンカモシカは関東山地では奥山の秩父多摩山系を本来の生息地（保護地域指定）とするが、50〜60キロ以上も離れた場所から来たことになる。GPS調査で125ヘクタールの行動圏（野生動物保護管理事務所）が報告されている。入間市の「さとやま自然公園」での生息は確認され、稲荷山公園でも出没があり、しばらく後国道16号で衝突事故が発生した。「文化財保護法」で相当の注意が必要だ。

また、富山県の小さな船橋村は、駅共用図書館にやって来たカモシカの絵本が発行され、山からカモシカが来るのを待つ読書率の高い村である。

（令和三年）

ペットも高齢化

夜中に吠えて困るとペットの相談が増えてきた。認知症で昼夜の区別がつかない。可愛かったペットの終末期のありかたが問われる。在宅介護の基本がくずれかけている。介護施設の設置を期待する声もある。動物病院が終末期の介護を引き受ける場合もある。多くは、犬にみる認知症の制止できない夜中に大きな声で鳴くことだ。隣近所へ迷惑がかかる。外飼いの場合は、遮蔽（しゃへい）板の設置や屋内への移動を試してもらうが、次第に深刻になってくる。やむなく睡眠剤の投与で一定時間の鳴きを止めているが、かなり個体差がある。認知症予防剤の研究開発もありサプリも市販されている。

そこで農村部の強みと言えるか、人家から離れた隔離施設へ収容する。飼い主さんが単身老人で高齢犬の場合の対処が求められる。冬は保温箱ヒーターへ自分から入り込みぐっすり寝ている。認知行動はありながら鳴きは少なく食欲もあり天寿を全うするまで、ほぼ3～5ヶ月間あるいはそれ以上の入所もある。時折、記録画像を飼い主さんに届ける。飼い主さんが不在となり高齢犬の放棄？事例では罹患部が多く、3ヶ月以上もの保護治療が必要だった。愛護団体への委託は、多くは健康で可愛らしいことが求められてしまう。

シバ系ミックス犬で夜鳴き防止にすでに1年以上在宅投薬の事例はまもなく17歳になる。最後は、オムツが必要になる。静かに手を差し伸べて看取ってあげよう。ともに過ごした授かった命だから。食欲が無くなると補液が一般的になる。カルテには「老衰」と記したのが多い。看取った犬の最高齢がシバ系ミックス犬♂で17歳8ヶ月、ミニダックス♂で18歳2ヶ月、ラブラドール♂17歳、トイプードル♂19歳、ネコの三毛避妊♀の28歳（写真23）でギネス級であった。

なお、最近動物病院カルテデータをもとにした日本の犬と猫のコホート生命表から平均寿命が発表された（井上・杉浦　日獣会誌　2022）が、犬の平均寿命が13・6歳、猫が12・3歳で死亡原因との関連が明らかになってきた。死亡原因は犬が腫瘍、循環器、泌尿器の順で、猫は泌尿器、腫瘍、循環器の順であった。

合掌

（令和四年）

写真23　長寿のミケネコ避妊♀　28歳　(2011)
ギネス級の記録

ハチとの共生？

「さとやま自然公園」の周辺は昆虫も無限にいる。春の花々が咲く頃はミツバチがしっかり授粉を行う。養蜂家さんも忙しくなる。移動養蜂家さんも巣箱を沢山仕掛ける地域だ。小鳥と一緒に害虫も駆除してくれる。

金子山に鎮座の氏神八幡神社は氏子がそろって境内林の草刈を行う。作業の始まる前にハチ除けの噴霧剤を用意する。作業中にハチに刺されて通院の事例もあるからだ。集落の樹木の陰や、生垣の間、家屋の軒下は巣作りに狙われやすい。毎日使う廃棄物集積所に作られたこともある。攻撃されやすいのはアシナガバチ（俗称アシッツルシ）やスズメバチが恐ろしい。飛ぶ姿や巣の形から種類が分かる。下向きに六角形のハニカム構造のものはアシナガバチで、徳利を逆さにした形からボール状になるのはスズメバチだ。どちらも攻撃性がある。相手にすると一気に襲ってくる。刺された部位は痛みを伴い急速に腫れる。アナフィラキシーだと命の危険を伴う。

当地方のハチの巣の退治の仕方は、先ず巣のある場所をしっかり覚えておく。暗くなる頃、ハチが帰巣した頃を見計らって用意を始める。露出部分の無いように厚手のシャツまたは合羽とゴム手袋を着用し、頭は編み付き帽子を被る。夕方ハチが巣に帰ったところを見計らって、殺虫スプレーを巣に噴射し動きを止める。動きが静かになったところで用意したビニール袋で巣全体を包みこむ。口をしっかりと紐で固定し巣の基部を篦（へら）で剥離する。ハチが飛び出さないよう袋の口をしっかり縛る。巣の作られた場所が高いところだと足場に万全の用意が必要である。驚いて飛び出すハチが攻撃してくる。

10月通報を受けた畜舎軒下のスズメバチの巣は、楕球形で直径・縦55㎝×横40㎝で横円周１１０㎝、軒下固定部は25㎝もあり重さは32キロだった。大きすぎて

45ℓのビニール袋を被せるのに苦心した。巣を駆除した後、場所が木陰で目立たなく発見が遅れたので、剪定して見通しをよくした。その後の発生は無い。ハチの姿を見かけたら早めに巣の退治をしたい。スズメバチの巣は商売繁盛や子孫繁栄の縁起物としてケースに納めて飾られたりもする。

（令和三年）

軒下のスズメバチの巣

マムシの出没

金子山（さとやま自然公園）南麓の住民はヘビの出没には驚かない。アオダイショウ、ヤマカガシ、ジムグリさらにマムシは目にする機会が多いのだ。捕食するカエルやネズミあるいは卵などが好物で二枚舌の大きな口を開けて瞬時に呑み込む。素早い行動は驚くばかりだ。呑み込んだ生きた餌は実に素早く消化されて溶け出す。ヘビに狙われ呑み込まれるとまず助からない。

生活者が特に気をつけないと危ないのがマムシだ。斑紋の銭型で判別する。日本の沖縄以外のどこにでも生息し、春から秋の川や用水路の藪や農道・山道に出現する。藪や石垣の手入れ時に咬まれやすい。素手や素足は禁物である。咬まれると激痛と腫れで紫色になる。直ちに治療が求められ命にかかわることもある。

愛犬を山際につなぐとか、山道の散歩で咬まれることが多い。季節は特に7~9月が多い。イヌが先に歩くので草叢に顔を突っ込むと狙われ、顔面に噛み付かれ発症する。咬まれた側が腫脹し対称を欠き、恐ろしい形相になる。下顎だと腫脹開口して呼吸が苦しい（写真24）。早めの治療が必要だが、イヌは先天的な耐性を持つのか回復が早いようだ。先に歩くイヌが飼い主を守ったとしてイヌに感謝する飼い主がほとんどである。ただしネコの発症例は診たことがない。

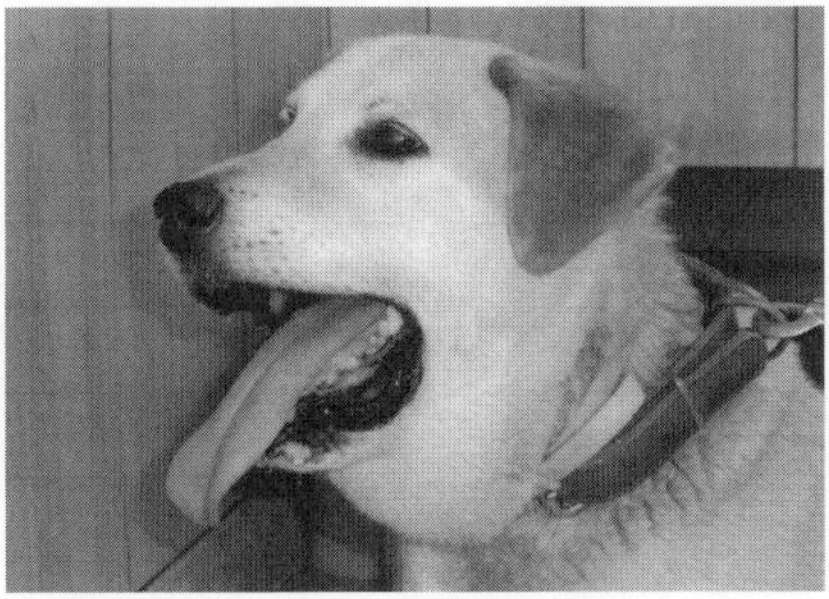

写真24　マムシに咬まれた犬　(2014)
顎下が変形し開口呼吸

山仕事で出会うと二股の枝を用意してマムシの頭部を抑え込み、手で捕獲して腰袋に納めるという林業者の話を聞いたが、勇ましいことだ。

余談だが江戸時代に造られた蔵の階段下に瓶詰めにされたヤマカガシが昔から置かれている（写真25）。どうやら御先祖がネズミ除けに置いたものだろう。あわせて魔除けに「大口真神」の恐ろしい形相のオオカミ様の護符が貼ってある。この地方は、武蔵御嶽神社の御師が春秋の2回遣って来る御岳様信仰の地である。地区によっては講の参拝が行事化されている。過去には三峰講もあった。

（令和三年）

写真25　江戸時代の蔵に置かれたヘビの瓶詰め
ネズミ除けを狙った？

猟犬との付合い

当地が禁猟区でなかった頃、猟銃を持った猟師が時々発砲する音や、散弾銃の鉛玉がパラパラ落ちてくることがあった。いわゆる害鳥駆除目的の限定期間のことである。標的は主にカラスやハトだったようだ。無尽蔵とも言える鶏舎の餌を横取りしていた頃の話だ。内臓検査で多数の腸管寄生虫を確認した。ニワトリと共通感染を起こしていた。その後、禁猟区となり金子山は、オオタカの生息地となった。近在に住む猟師は、猟銃片手に猟区の山地へトラックにイヌを積み込んで出かけるようになった。猟期になるとイヌは本能的に自分のブースに飛び込んで発車を待つ。現場に着くまでおとなしい。無線機を首に巻きつけると一斉に獲物を求めて走り出す。本能的な獲物を狙う狂乱の態勢に入る。単独猟だと10頭以上が共同行動でイノシシやシカを追いつめる。時にはクマにも出くわすという。上州や信州へ泊り込みで射止めた獲物を積んだ猟師が、山帰りに闘いの傷治療目的で立ち寄る。イノシシの牙傷がほとんどだ。腹壁が敗れて腸管が露出したり、胸壁が破れて肺の一部が突出したり激戦地の野戦病院のようだ。熟練猟師の現地手当てが良く、手術後の回復は早い。軽症だと無麻酔で縫合する。再び山へ入ることになる。吠えるだけで追い込むのと咬み付くのと、ケガをするのは勇猛な咬み付き犬だ。

シバや甲斐・四国・北海道犬が使われていたが、最近多くは紀州系の雑種のようだ。体重20キロ前後のものが多い。猟犬でも愛玩用になった洋犬は山に入れず、本性を現してヒトを飛び越す跳躍力を見せることもある。

「東大狩人の会」の学生メンバーが保全生物研究で相談に見えた時は、記録ノートを基に有害鳥獣行政の実情を伝えジビエを含めて若い人々の研究発展を祈った。

（令和三年）

ヤモリとイモリ

蔵の周りで珍しい生き物を見つけたと知らせがあった。素焼きの植木鉢を逆さに被せて動きが止めてあった。ほぼ10センチ位のヤモリだ。爬虫類で肺呼吸をするので蔵の中の戸棚に隠れているのを見つけたこともある。蔵棚の虫を捕食するので益虫と言うことになる。乾燥をいとわず夜光性で光源のガラス窓に貼りついて虫の捕食をする。垂直に壁を登り天井にも貼りつく忍者造りの指だ。指下板の太い指に毛が密生している。外が暗く窓に明かりがともると飛んでくる虫を餌にしようと、ピタリとガラスに貼りつき動かない。窓の内側からしっかり腹や足の造りを観察できる。咬みつきを聞いたことは無い。さてどうするのが良いか問われた。「ヤモリは家を守る」から家守という昔からの言い伝えを口にしていた。

武蔵野台地の水脈のあるところで見かけるものにイモリがいる。アカハライモリだ。両生類で皮膚呼吸するので皮膚が湿っている。お腹の色が刺激的に赤い。野井戸の出会うと水場の近くにいるのがうなずける。ヤモリも井守りから井守を考えてみると納得できる。ヤモリもイモリも姿形は不気味だが、生活に密着した尾の再生能力を持つヒトの生活圏に生息する生き物である

（平成二十年）

ヤモリの子

異物の誤嚥

パクッと飲み込んで、しまったという事例で多いのがイヌの誤嚥だ。ネコにもある。気管に入るとむせて肺炎の危険がある。飲み込んだ以上、口を開けて取り出そうにも噛み付く恐れがある。屋内飼育だと興味のあるものに飛びつきやすい。ビニールや子どものおもちゃ、タバコ、靴下、手袋、最近ではマスクがある。金属の縫い針が上手に刺入を避けながら排泄したのがある。団子の竹串が皮膚を通過して体表に露出し抜去したのもある。さすがに釣り針が喉に食い込んだのは麻酔下で手術になった。開口して内視鏡で確かめ取り出すか、開腹手術の適用もある。おもちゃやボールを噛み砕いたのや小石を飲み込んだのは、糞に混じって排泄される。ボンボンを飲み込んだのは注射で胃運動を起こして一気に吐出できた。レントゲン検査やエコー検査で存在を確かめて対策を考える。

屋外の散歩中だと道端に落ちているものに興味を持つと制御がきかないことが多い。口蓋にはまり込んだ金属や骨、木片の摘出には鎮静剤か麻酔を用いる。危険なものを置かないことと誤嚥の防止のためには口輪をつけるのも一つだが日頃の調教が必要だ。

かつて牛が亀の子束子様物を飲み込んだのは、食道切開をする羽目になり、その苦痛は耐えがたいものだった。牛の金属嚥下対策に棒状磁石を第二胃内に留置するが、胃を守り心臓への金属の刺入を避けるためである。鳥類はそ嚢・腺胃・筋胃（砂肝）の順に胃が機能して飲み込んだ小石や砂・ガラス片は筋胃で食物を細かく砕いて消化を助ける。これは誤嚥ではない。消化のための必需品である。

（令和四年）

Ⅱ 馬耳東風集

日本獣医師会雑誌のコラム

コラム欄の執筆を担当して随分経った。前任の松山茂先生は足立卓司先生の後を受けて『馬耳東風Ⅱ』を出版された。伺った由緒によると、専門誌のいわば肩の凝るような文章に一息入れる意味でコラムを入れ、タイトルを「馬耳東風」にしたという。

「日本獣医師会雑誌」（日獣会誌・月刊）編集委員会の執筆依頼書には「時々の出来事や社会問題をはじめ、様々な事柄について、巻末で意見等を述べるあとがきコラム」と記されている。全国の獣医師の皆さんが、それぞれの職域で一息入れたところで目をとおされて、頬が緩んでくるような運筆で取り組みたいと念じながら筆を執りました。それ以前に「埼玉県獣医師会報」（月刊）の編集後記コラムの担当者として毎号書いていたのが縁になったようです。

馬耳東風は現在三人の輪番持ち回りで、それぞれの個性的な筆遣いで書かれ、うれしいことに期待を込めた読者からの投書もあると聞かされました。筆者は既刊の小著『動物かかわり記』（回星社）に一部を掲載したが、その連続編として、その後のコラムをここに掲載しました。「さとやま自然公園」（荘園・桂庄八瀬里）の里寓居に暮らす田舎獣医師が、診療や山野の仕事の合間に折々の社会情勢をリンクさせながら思いに任せて書いたものです。所期の目的がかなうようでしたらうれしい限りです。大学で獣医学を学ぶ学生さんの目に留まることもあり、獣医師会の理解につながるようでしたら、こんなうれしいことはありません。

漢字文化

時まさに神無月、今も用いられる陰暦十月の異称だ。森羅万象に神の発現を認める古代の神観念を表す八百万神が出雲に集まり、諸国の神様は留守になるからだという。したがって出雲地方では神在月というのだそうだ。ところで、手紙の時候の挨拶にいわゆる「公用・私用に使える正式な漢語表現」というのがある。十月だと表現の種類も多く「仲秋の候、清秋の候、秋涼の候、秋雨の候、金風の候、夜長の候、朝寒の候、紅葉の候」など様々で何処の家庭や職場にもある「ぽすたるガイド」にしっかり記されている。見たり聞いたり感じたりした自然の風景をさりげなく、しかも手短に書くのが効果的とされる。日本の手紙文化の実用編である、考えてみるとここ数年、きちんとした手紙を出すのも受け取るのも少なくなっていることに気付いた。仲間との情報交換や仕事上の連絡はほとんどメールで間に合っている。したがって、時候の挨拶抜きで用件のみが要領良く記されてしまう。手紙では一月の睦月から十二月の師走まで見事な異称で風情豊かな自然観や人々の生き様を組み入れて表現したりするが、メールだと言わば実務的で省略してしまう。ある時、往診先で「手紙の時候の挨拶はどんなのがいいんでしょうね」と突然聞かれた。日付も肝心だが、受け取る相手と文章の中身も大いに関係するし、人柄が出るので熟慮が必要です、と答えたものだ。

言葉の伝達手段として文字の効用は無限であり、他人に用件や思いを書き送る手紙の活用もまた無限である。筆と墨の発明は紙の発明を通して発達し、あの見事な毛筆体という芸術文化へと発展した。筆記用具の進歩とともに、学校教育では書くという書写の国語教育の一歩から、自ら表現力を筆に託し豊かな感性と共に文字の力を通して自己を表現する文学や芸術への無限の展開がある。若者たちが墨を擦ることからはじめ、落ち着いた雰囲気で脇目も振らず思いを込めて般若心経を書写する書道の授業を見せていただいたことがある。もちろんのこと、東洋哲学的な大乗仏教の何たるかを聞かされているのだろうが、年齢的にも宗教無縁と思われるような世代が、この集約的な時間を通して心の教育のありようを垣間見た思いがして思わずうれしさをかみ締めたものだ。獣医界職域では多かれ少なかれ何らかの形で動物慰霊祭が行われているが、ある会場で回向の僧侶が急遽の用向きで不在となった。この時、参列者の一人がやおら立ち上がって般若心経を唱えだした。思いがけず回向が順調に進行できて感激した。かつて一般教養的に習得しておいたのだという。

さて、情報機器の急激な普及で漢字は「書く」から「打つ」時代へと変遷し、常用漢字表は1945字から改定で2136字になるという。情報化時代を漢字施策が後追いしてきた。言葉を取り巻く環境の変化が簡略化へ走り出した今こそ、時代に生きる表意文字として漢字の正しい活用と普及により独自の文化度を高めたいものだ。

（二〇一〇年　十月号）

課題先進国

この星に推定69億の人口と3千万種の生き物が暮らす。人々は豊かさを求めてエネルギーを大量消費し、大地や海から食糧消費で収奪をつづけ、森林の減少と砂漠化が進行し人口は膨らむ。2050年の予測は91億人だという。当然ながら大気や水の汚染も進行している。国連は昨年を国際生物多様性年として、地球生きもの会議が名古屋市で開催され、危機感の共有と持続可能な利用の仕組みや遺伝資源の利益配分が焦点となり、各国が臨界点の前にと知恵を出し合い世界目標に向けて合意点を絞り込み進展をみた。さらに今年は、国際森林年として新たな取り組みの年となる。人権や環境を守る取り組みは、多くの国家が主体的に取り組んでいるが、格差の現実的問題があり、市民社会や企業との連携による突破口を目指して、企業リーダーに対し国連グローバル・コンパクト（GC）が枠組され、

ＣＳＲ（企業の社会的責任）の基本原則への動きが活発化している。企業に限らず日本の大学も加盟しはじめた。入学時に学生宣誓を行うことから始まり、学問領域の貢献と責任ある地球市民教育に期待をかけている。まさに教育理念に基づいた献学の国際教育の実践に取り組みはじめている。

年頭にあたり、小宮山宏東大総長顧問の著作を通して考えてみた。終戦後、狭い資源の乏しい国土に封じ込められながら懸命に働き、今や外国に進出し多くの企業が国際成長した。エネルギーや資源、環境、廃棄物処理、高齢化と少子化、地域の過密と過疎、教育、財政、農林業と食糧、交通、防衛など日本が抱える問題はどうやら世界に先駆けているものが多いようだ。特に製造業や金融の国際企業への傾斜は、資本分母の拡大とあわせて寡占化の傾向にあるようにみえる。わが国の長期の平和による社会保障や文化への蓄積は実に先端的である。家屋や自動車のような人工物は国内では既に飽和域にあり、環境や経済効率に向けた太陽光や原子力発電に見る非化石エネルギー時代への研究開発が進行しつつある。廃棄物からのレアメタルリサイクル技術には素晴らしいものがある。公害といわれた時代を乗り越え、新しい環境技術は生物多様性の恵みを受け止めている。例えばカワセミのくちばしから騒音を軽減した新幹線の鼻、トンボの羽から風力発電のプロペラのヒントなど自然の理にかなった研究開発は、日本技術の最も得意とするところでアジアの核として成長するだろう。

世界一の高齢化社会は、その社会システムと医療分野で先鞭を付けつつあり、少子化や教育における課題も前向きに取れる。食糧自給率の向上は、食の安全と生物多様性や多面的機能からのアプローチが求められてきた。多くの若者が高等教育の恩恵をこうむり、知識の爆発は、歴史に学びながら本質を探り出し、柔軟な頭脳をもつアジアのフロンティアランナーでありたいと願う。国中を沸かせた栄えあるノーベル賞受賞が見事に実証しているではないか。（二〇一一年　一月号）

卯年の卯月

「卯の花の　におう垣根に　ほととぎす　早も来啼きて……」と里の春を潤した菜の花や桜の季節を過ぎると間もなく夏が近づいて来る。今年は年賀状や縁起のマスコットにウサギが活躍した卯年で、しかも陰暦4月の異称は卯月である。植物の卯に由来し、なんと卯にかかわりが深いことか。ウツギの名よりウノハナ（卯の花）の名で古くから親しまれて来た歴史があり、卯月に咲くからウノハナか、ウノハナが咲くから卯月といったのか、古人はこのような単調な芳香の無い花によくも目をつけたものだ。ウツギは万葉集にも載る株立状の落葉灌木で分枝して繁密で、しかも幹枝とも中心は空虚なのが面白い。古い幹枝を剪定するとよく分かり、初めてだとビックリすること請け合いだ。これが空木すなわちウツギの語源だと聞いた。産地は全国的で向陽の地を好み土性は選ばないそうだ。

戦後日本の国土調査で地籍・土地分類・水調査が行われ、筆毎に境界や面積が再確定され、境界杭が打ち込まれた。種類もコンクリート製やプラスチック製が多いように見うける。都市部では金属プレートや金属鋲（びょう）をよく見かける。古来の知恵であろうか、以前は多くの場所でウツギが境界樹として用いられてきた。古くは、江戸時代の検地や明治の地租改正で大いに役立ったことだろう。おまけに木工職人が硬く腐りにくいので、このウツギの幹から木の釘を作り出したという。また、神事で斎火の火切り杵にも用いると聞いた。

ウツギは万葉以来、生垣用として配植されてきたが、ブロック塀やフェンスに押されて数を減らしてきた。畑地の境界樹として今も少ないながら元気に息づいている様は、トラクターの時代にあって境界を確認しやすく、コンクリート杭からロータリーの歯を守っている。生長が早く樹性強健で、しかも萌芽力が強いので剪定を強度に行わないと枝が伸びすぎ、いささか仕事の邪魔になる。ところが元気旺盛で病害虫を見たことがない。春の花々が一段落し立夏を過ぎる頃、枝に白色の五萼五弁のおとなしい野の花を見せてくれる。都市部では昨今、公園や街路の園芸植栽で見かけることが多くなった。

東京近郊の武蔵野台地の農地は畑作が主体だ。河川にほど遠く、水利は用水に頼り、水田は古くから拓けず雑木林が目立つ。ここで後継者が誕生し、この機会に規模拡大し畜舎を新築した。家畜の飼育には水が絶対に必要である。場所柄、水道の便がなくやむなく鑿井に頼ったが幸い水脈を掘り当てた。都市近郊の家畜の飼育環境は厳しい。畑の真ん中の畜舎のどちらを見ても人家は遠く畑仕事の人影もまばらである。立夏も過ぎた往診の折、井戸端で器具を片付けながらふと眼をやると、近くの境界樹にウツギの花を見つけた。剪定残しの枝に目立たない白花をいくつかつけていた。

突然、近くの林から「キョッキョキョキョキョキョ」（特許許可局）とはずんだ鳥の声が聞こえてきた。おお、まさに夏は来ぬ。

（二〇一一年　四月号）

東日本大震災

「地球儀は　陽に映えながら　どことなく　歪み見ゆるは　われのみならんか」と、かつてクランケから寄せられた歌だ。3月11日、世界を揺るがす国難が勃発した。今や復興へ向けた苦難の道程にある。被災地の人々の忍耐と規律正しさは世界に感銘を与え、まさに民族的品格を示した。驚異的な規模の地殻変動が東日本を襲い想定外とされる災害を引き起こした。日本列島は地震や津波の危険にいつもさらされている。近代科学は地震や津波の予知を可能にし、電波で知らせてくれる。場所を問わない携帯電話の一斉警報にその現代的機能を再認識したものだ。大地震、追いかけて襲いかかる巨大津波、加えて未曾有の原発事故が追い討ちをかけた。研究者は周期的な巨大津波の地層痕跡を認めるという。また、明治三陸大津波で綾里湾の遡上高38・2メートルの記録がある。さらに貞観11年（869）大津波から対策が検討されはじめていたともいう。悲劇は、この隙間を狙い撃ちするかのようにやってきた。プレート境界型のマグニチュード9・0の変動は、東日本の5百キロに及ぶ海岸線を襲い想定外の大津波を追随させてきた。その高さは繰り返し増幅されて射流となって容赦なく人や家を呑み込んだ。宮古では標高38・9メートルの遡上高がある。大津波が驚異の牙で襲いかかり、福島第一原発が受けた高さは、14・0メートルという。核燃料はメルトダウンし、水素爆発は放射能汚染を拡大、人々の避難を余儀なしとした。さらに野菜や原乳の出荷は制限され農民の苦悩は計り知れない。まさに国策被害と言える。地盤沈下による浸水の範囲は、海岸線を書き換えるほど航空写真や衛星画像解析で5百平方キロと、東京23区の7割以上に匹敵する。被災地は伝統的な水産業の基地として、あるいは近代工業の基地として、多くの重要産業を支え、加えて関東へ多くの電力を供給してきた。今後は拠点産業の分散化が課題とされる。また、人々は世界に誇る素晴らしい景観とともに、そこに特有の様々な風土を育くみ生きてきた。穏やかに、時には荒ぶる神々に祈りながら自然界と共生して暮らしてきた。さらに、社会基盤を担う幾多の人材を輩出し、都市部の多くの人々の故郷がそこにあり、心の底から共鳴し郷愁を呼ぶ。一瞬にして勃発した震災がこんなにも人々の心を打ったことはあるまい。

必ず復興させる。誰しもの思いだ。政治が必死の施策を行い、国際社会が支援し、科学的調査が集積され、検証されつつある。民族の宿命的な課題との闘いである。人類に驕（おご）りがあってはなるまい。英知を持って生きるために多重安全の備えをすることだ。現代社会は電力エネルギーを必要不可欠とする。国際社会はこの震災を厳しい教訓として、脱原発へと大きく舵取りを始めたようだ。自然力を効率化し持続可能な文明社会を目指し、「備え有れば憂いなし」と再認識し、内外の熱い支援に感謝と連帯のうちに「情けは人の為ならず」と日本人として歴史に学ぶ生き方を知ったはずだ。

（二〇一一年　七月号）

二つの世界遺産

「よくやったなぁ！　すっごいことだ！」都内の動物病院が小笠原で野生化したネコを受け入れた。女性看護師さんが実に根気よくトレーニングにあたった。ついに順化し、飼いネコ化して肩乗りするシーンを紹介したのだ。

先年関獣連大会がタワーホール船堀で開催され、シンポジウム「小笠原の希少動物を守る　私たちにできる小笠原の野生生物保護」が注目された。小笠原は立地から固有種が多く、カタツムリ類94パーセント、樹木やシダの類36パーセント、昆虫の類が27パーセントもある。オガサワラオオコウモリ、アカガシラカラスバトなどの希少種も多く、「進化の実験場」と呼ばれている。

母島に生息する固有種で天然記念物のメグロの保護を目的に「ネコの捕獲・不妊化」が開始された。オガサワラオオコウモリ救護用物資の緊急支援も行われた。アカガシラカラスバトなどの希少動物を守るために「サンクチュアリ内、海鳥繁殖保護柵内に侵入し野生化したネコを捕獲し、都内の動物診療施設において順化し、飼いネコとして新しい生活を始めさせる活動」によって完全排除に成功した。そうした努力の成果を踏まえて、本年六月めでたく待望の世界自然遺産に登録された。

小笠原諸島は東京から千キロ離れた亜熱帯の島々で、屋久島、白神山地、知床についで四件目となる。崇高な理念のもと東京都獣医師会が離島の巡回診療を始めてから23年が経過した。希少動物も人間も共存できる地域社会を目指した官民一体の協働の成果と言える。東京都獣医師会が東洋のガラパゴスといわれる独自の生態系の維持に、野生動物対策専門委員会活動を通して動物医療団の派遣など、これからも一層のかかわりを深めて世界の自然遺産への貢献を期待したい。

さて日本の秋、それは紅葉に代表される。色鮮やかに化粧し身悶えするが如く輝き、やがて使命を自覚して落葉する。季節の移ろいの見事な演出だ。人々は日本人の持つ遺伝的感性をもって、自然界の息遣いを全身で感じとる。特に東北地方の景観は素晴らしい。あの東日本大震災や大津波の影は忍びないことだが、ようやく道筋が見えて来そうだ。

新渡戸稲造は「爪先立ちで明日を考え、全力で努力する者は、遅かれ早かれ逆境から浮かびあがる」(『逆境を越えてゆく者へ』実業之日本社)と述べている。今や放射能との闘いとなり、放射線セシウム汚染稲わらの給与が汚染牛肉問題の発端となった。手探りながら安全安心への取り組みが着々と進められている。

東北地方に元気を!とさまざまな手立てが取られているが、明るいニュースの一つは「平泉の文化遺産」が世界遺産に登録されたことだ。「仏国土(浄土)を表す建築・庭園及び考古学的遺跡群」を構成する資産は、中尊寺・毛越寺・観自在王院跡・無量光院跡・金鶏山から成り、まさに東北の人々のあつい信仰に基づく文化財の拠点として位置づけられる。金色堂の輝きは、見る人の心を吸い込む浄土のように、東北に輝きあれと祈りの光だ。二つの世界遺産の誕生は、今や勇気と元気の象徴的存在である。

(二〇一一年　十月号)

上野英三郎博士とハチ公像(東京大学農学部)

絆

「大和は　国のまほろば　たたなづく　青垣山ごもれる　大和し　美し」倭建命（やまとたけるのみこと）が詠んだ古事記の歌だ。日本人の心の故郷としてあまりにも有名である。この地を訪れた文豪川端康成は感性を揺さぶられ、この歌を自然石に刻み、景観百選のひとつ井寺池の道端に配した。碑文は、作家の個性豊かな親しみのある原稿文字で書かれている。古代国家が誕生し、その象徴としての耳成山・畝傍山・香具山の大和三山が寄り添う姿は、ご神体の三輪山に控えるように大和盆地に位置付く。原点への郷愁から昨年記紀と万葉の里、「山辺の道」を歩いてみた。飛鳥地方と平城京を結ぶ史実に現れる最古の道である。路傍には彼岸花が咲き誇り、色づいた柿の実が一層の彩を添え山里の秋を演出していた。また、わが国の知性を代表する小林秀雄揮毫（きごう）の「山邊道」道標は、景観によく似合い、文字から文芸評論家の滲み出るような思いが伝わってくる。山辺道勾岡上陵（やまのべのみちの　まがりのおかのえのみささぎ）と記され、大きく国造りに取り組んだ第十代崇神天皇の陵墓は水青き濠に囲まれ、近隣の水田灌漑用水としても活用され、地域に密着しながら人々の生活を支えていることを知った。また、悲劇の伝説を持ち近年卑弥呼との関連で注目の箸墓古墳は、水面に無数に群れるキンギョと、巨木化した陵木のクスノキに棲みついたシラサギの姿が目立ち、岸辺の日本書紀歌碑に趣を添えている。日本の国土の景観は、世界で最も美しいことで知られる。それとともに、人々は生活に根付いた固有の歴史を培いながら、したたかに自然と共生して生きてきた。

いささか紀行文調に記したが、新年を迎え、昨年がいかに多難な年であったかを振り返り、この緑豊かな国土に生きる人々が故郷への思いを一層新たにしたことか。人々が変化を求めて期待した新しい政権も、思いつき発言で回転扉のごとく顔が変わり、スピード感を欠き批判の対象となった。政治理念だけで世の中は回らない。海外からも軍事的政治的な圧力に危惧を持たれる破目になった。今もその渦中にある。まさに想定外としてきた東日本大震災、原発事故という巨大複合災害によって、文明のあり方を改めて問い直し検証する機会となった。電気エネルギーはわずか百年の間に、人工衛星から眺めると夜も輝く明るい星を作りだした。生産活動は電力に依存し、とくに製造業は雇用を拡大しながら経済成長を支え、世界をリードする経済大国を造りあげた。工業資源小国の条件は技術立国であり、打ち勝つ安い労働力を背景とする。ここで円高は定着しつつあるようだ。TPPが堰を切ったように議論され、国益をかけて協議に参加し、加速する国際経済を模索する、企業は戦略的に海外市場を目指して展開し、産業の空洞化が進行する。美しい国土に安全安心を担保し、「絆」を一層しっかりと育てあげ、若者が真剣に輝いて目を向ける国民合意の多様な共存社会を願う壬辰の年頭である。（二〇一二年　一月号）

国際森林年

「MOTTAINAI」獣医学博士号を持ちノーベル平和賞受賞の故ワンガリ・マータイさんの日本語の言葉である。

グリーン・ベルト・ネットワークは、アフリカ大陸全土で女性を中心に植林活動を通して資源を有効利用するための自立支援を行い、女性の地位向上を促した。何と四千万本の植林で砂漠化を抑え、森林破壊を食い止め、持続可能な開発に貢献した。彼女はナイロビ大学で初の女性教授である。環境や天然資源・野生動物の副大臣を務めたのもうなずける。専門の生物学や獣医学の目を通して、したたかに実践を旨とした活動家であった。彼女の棺は、木を使わない方法で国葬にされたという。

アフリカの環境破壊や地球温暖化は猶予ならない事態に陥っている。彼女の意思を世界が共感し共有して受け止め、持続的な実践が求められている。アフリカの乾燥化・砂漠化は年毎に進行し、人口爆発と飢餓の深刻化が周知のとおり緊急の国際問題となっている。

さて、アフリカの乾燥や干ばつとは対照的に、水と緑に囲まれた日本の国土は、気象変動によりかつてない集中豪雨や異常高温に見舞われ、生活環境への影響は計り知れない。タイの集中豪雨による低地での洪水は、生活や産業へ甚大な損害をもたらした。過去に無いような事態があちこちで発生している。

日本の森林面積は70パーセントを占め、樹種も豊富で独特の木の文化を形作り、国土の保全や温暖化防止に役立っている。その効果は誰でも知っている。蓄積量の70パーセントが針葉樹で残りが広葉樹である。今や輸入外圧で、木材の自給率は20パーセントに過ぎない。輸入による経済淘汰で木材の国内需要は減少し、それが森林荒廃につながり、加えて花粉症の引き金となった。しかしながら、今や木材輸出国の資源保護によりパルプやチップの輸入割合が増えてきた。国土保全を基底に据えながら、創設から50年の水源涵養林や生物多様性あるいは防風・景観観光資源として、多目的な存在と里山活用が求められてきた。そこには競争原理で計れない資源の新たな活用性が見出せる。そこへきて、森林の持つ保水能力以上の豪雨や地震で山崩れが堰止湖を形成し、増水による堰損壊の脅威が発生する。過疎地が多いだけに危機管理は予断を許さない。

また、林業再生には低コストが求められ超短伐期林業・さし木林業・雪害に負けないエリートツリーから、やがて選抜から交雑の時代を目指し、木材の年輪情報から産地の識別や、伐採しないで地上部バイオマスを推定する研究も進められている。さらに、樹木には人の推し量れない神秘性がある。

人の寿命を遥かに超える巨樹・巨木は、今や静かなブームとなって人を引き付ける。環境省の調査によれば、スギ、シイ、サワラ、ヒノキが多く、これらは３割近くが信仰の対象でいかにも日本の木だ。国内最大の「蒲生の大クス」は、樹齢１５００年で幹周23メートルを超し注連縄（しめなわ）を巻かれ神格充分である。昨年の国際森林年を経て「みどり」の季節、思いを記してみた。

（二〇一二年　四月号）

神域のニワトリ（熱田神宮）

カオス

カオスという用語がある。辞書によるとギリシャ神話の宇宙開闢説における万物発生以前の秩序なき状態で、すべての事物を生み出すことのできる根源とされ、カオス理論では生命現象や社会現象への応用が注目されているという。まさに予測困難な挙動こそがカオスであり、近代科学が達成した自然観に変更を迫るものとみなされている。この哲学用語が、欧州債務危機で世界経済が混沌としている様を表現するメディアの活字に登場した。ギリシャが経済統合で巨大化するＥＵに仲間入りを果たしたものの、蓋を開けたら経済債務が民主主義の屋台骨を揺るがす破目になり世界を驚愕させた。まさにギリシャ発カオスの到来であった。流石に主要先進国のフランスとドイツが核となり危機回避に努めているが政局の変化で予断を許さない。かつて訪ねたギリシャでは勤務時間中でもカウンターの客を平気で待たせ、コーヒーカップを手放さず個人のありかたを優先していた。客の方が飲み終えるのを待っていたものだ。午後になると休憩時間をたっぷり取り、夕方近くに働き出した。日本社会だと最も仕事に精を出し労働効率があがる時間帯だ。これも国民性で歴史ある先進性のなせる業かと考えてもみたが、世界の経済競争はそんなに甘いものではない。ユーロの低迷は、円高に拍車をかけ国内輸出産業に苦戦を強いる。今や震災後の国内復興を軌道に乗せ、直面する震災失業に手を差し伸べ、加えて景気対策で国内経済に活気と活力を作り出すことが急務である。既に計画停電や節電が行われていながらも、電力供給能力は不安だらけである。原則40年の廃炉設定は脱原発の方向性を示すもので、負の遺産を引き連れ電力原価を底上げして経済へ圧力となる。政策増税がささやかれ生活や生産意欲へ影を落とす。一方、触発されたさまざまな代替エネルギー技術が先進的課題に向かって研究開発され頼もしい。

　一方、アラブの春はチュニジアのジャスミン革命から端を発し、民主化要求行動としてアラブ世界に限らず世界へ影響を及ぼした。暴動による民主化要求は長期独裁政権に向かった。失業・腐敗・人権問題で前例の無い民衆デモや抗議行動が繰り返し行われ、エジプト・リビア・イエメンの政権を打倒した。リビアは事実上の内戦に突入したが、ＮＡＴＯの介入と国民評議会等の作戦によりカダフィ政権は崩壊した。シリアは混乱し今や国連監視下にある。

　これらの背景には情報伝達手段としてインターネットの普及がある。規制が困難な衛星放送の効果は大きい。ネット拡散は、充分に理解し責任を持って行うことだ。デマに惑わされない確かな判断力が求められる。そんな折、理研が安心と不安感・ワクワクとイライラ感など四象限のマトリクス「ＫＯＫＯＲＯスケール」を開発した。3・11の調査も踏まえ、難しい心の動きを数値化で捉える。この困難な時代に社会心理を把握する手段として興味深く見守りたい。（二〇一二年　七月号）

暦

金環日食に歓声をあげ、月食、さらに金星の太陽面通過と、天空を仰いで全国が沸いた年である。

ローランド・エメリッヒ監督の話題作、スペクタクル映画「２０１２」を思い出す。世界中で大きな驚きと関心を呼び起こし、興行成績も抜群だった。突発した天変地異に驚愕し必死に生き残ろうと逃げ惑う人間の姿と心理をよく捉えていて、一瞬の瞬きも許さない憎いほどの切迫した恐怖感をあおりつけてくれた。マヤ暦をもとにした、いかにもアメリカ映画らしい見事なフィクションである。

マヤ文明はロマン溢れるメソアメリカ文明である。今に引き継がれるトウモロコシの焼畑農耕を基盤に神権政治を確立し、金属を持たない巨石建造物と天文・暦法・象形文字を特徴とする文明である。巨大石造の神秘に溢れるティカル神殿は世界から多くの観光客を集めている。マヤ神話の世界観は破滅と再生の周期を持つとされる。文明を象徴する長期暦区切りの2012年12月21日が間もなくやって来る。その日は、いて座－太陽－地球がほぼ一直線に並び、日本の暦では二十四節気の一つである「冬至」に当たり、東京の日の出が6時44分、日没が16時35分で太陽の南中高度が最も低く、昼間が最も短いとされる。かつてテレビ局の取材でマヤ暦5区切りは、終末ではなく元に戻るのだと現地のマヤ・シャーマンが当たり前に答えていた。

しかしながら、秀でた古代文明の終末思想やあの強烈な映画シーンから、最近発表された南海トラフの巨大地震で、最悪32万人の死亡想定を思い浮かべてしまう。日本の歳時記どおりに冬至の柚子湯にゆったり浸かり、余裕のままでいたいと誰もが念じ日本の暦どおりだと信じている。危機管理の根本は、最悪を覚悟して最善を尽くすことだ。

暦は時の流れを体系付けた身近な存在であり、天象や生活に必要な曜日や行事、あるいは干支などを取り込んだ生活暦で日常生活の必需品である。暦を集約した七曜表すなわちカレンダーは、国民の祝日はもとより大安・友引などの六曜や干支、主な節気や旧暦も記し日めくり式の分厚いものから一年一枚ものも多い。年頭に新しく飾られ、新しい潤いのある生活感を与えてくれる。写真や絵画あるいは書道の芸術作品で手作りのものまで立派な装飾必需品である。

さて、身近な日本の暦を調べてみると、わが国最初の暦は、日本書紀によれば推古10年（602）百済僧観勒が渡来し伝えたという。

その後、明治5年12月3日を太陽暦の明治6年1月1日と替えるまで、太陰暦すなわち旧暦が用いられてきた。この時、財政難の政府は役人に支払う給与一ヶ月分を節約できたというエピソードつきである。社寺本暦や農事暦だと年齢早見表から方位吉凶運勢まで、さらに民俗や潮汐はもとより農事までついている。節気と七十二候こそ日本風土の庶民の生き方に根付いた暦である。現在の年号で西暦と和暦の併記は日本が国際化した産物であるが、主体暦という異次元の暦を持つ国もあり、体制や文化の違いが明らかだ。

（二〇一二年　十月号）

近所の愛犬たち

おみくじ

「わぉ！大吉だ」 若い女性の声に思わず振り向いた。籤(くじ)を引いて神意を問い運勢を占う「御神籤(おみくじ)」は、昔から神仏参拝に付き物で隠れた人気を持っている。「初詣」は、老若善男善女の晴れやかな顔々が集まり、新年を寿ぐ熱気に包まれ、そのにぎやかさを誇りとする。また、「お宮参り」や「七五三」は、もとより晴れがましく家族や地域にとって実にうれしい神仏への参拝である。日本人の精神性が滲み出ている。

お賽銭(さいせん)を入れ祈願する参拝の三点セットと言えば「御札・お守り」「絵馬」「御神籤」ということになるだろうか。絵馬は、特に受験シーズンに合格祈願する学問の神、菅原道真公を祀る天神様に象徴される。絵馬に思いを記して奉納し、お守りを身に付けて受験に臨む。ほほ笑ましく真剣な通過点で、日本の風土が作り出した風物詩でもある。絵馬からは縁結びから安産や病気の快復まで、人生の節目が読み取れる。御札は神棚に祀り、お守りは身に付けて神仏の加護を祈願する。馬頭観音や牛頭天王(ごずてんのう)の御札と絵馬は畜舎でよく見かけたものだ。東京都西多摩に鎮座するオイヌサマ(日本武尊(やまとたけるのみこと)の東征に関わる神狼)を祀る神社が、最近人気である。犬を連れてケーブルカーで参拝し、専用の拝殿で祈願する。授与された「犬用お守り」を付けてお散歩だ。ここにも熱い愛犬家の思いがある。

御神籤は境内の木の枝やみくじ掛に結び、まさに神仏との縁を結ぶ所作である。籤箱を振って、出てきた竹の棒の番号を読み取り、籤棚から番号札を取り運勢を占う。古文調で書かれていて説明が無いと吉凶判断に悩むものまである。良い籤に当たれば誰でもうれしい。濃縮された人生訓が読み取れる。神仏の前で自らの手で選び出した運勢であり、吉凶よりも何が書かれているかが興味深い。

それにしても「ヤマガラの御神籤引きの芸」は面白い。動物行動学の小山幸子博士は、ユニークな文化史的アプローチでヤマガラの行動を研究した。ヤマガラ芸は江戸時代から庶民の知恵の産物であったが、今や姿を消してしまった。昭和57年の秋、獣医師会の旅行で豊川稲荷へ参拝の折、参道で見かけた「ヤマガラ使い」の見事な芸を思い出す。「ヤマガラ使いから受け取った一円玉をくわえて賽銭箱に入れ、鈴を鳴らしくちばしで祠の扉を開け、中から御神籤をくわえて止まり木へ戻り落とす」という一連の高度な動作に、しばし足をとどめ見入ったが、今や幻の人気の動物芸である。かつて日光東照宮境内でも見られ、浅草花やしきでも興行され人気を博したという。和鳥類の飼育が禁止されて久しいが、動物愛護や生態系の観点からは当然のことながら、文化史的動物観からするといささか淋しい思いがする。

御神籤といえばその方法も様変わりしてきた。文明社会にあって生き続け、今や自動頒布機があり、ハイテクの獅子舞ロボットが舞いながら籤を取り出す時代である。伝承される民俗文化史の一端に触れ、自分の手で籤を引き自分の目で読み運勢を占う、お正月の幸せな気分のうちに、一興いかにと挑戦してみませんか。

（二〇一三年　一月号）

「牛の絵馬」牛頭天王（飯能市・竹寺）
乳房が大きいほど「よい」とされ、牛舎に飾られる

藤村と木曾路

「小諸なる古城のほとり　雲白く遊子悲しむ」　中山道の信濃の入り口佐久から小諸に入ると思わず口ずさむ。浅間山を背に懐古園で千曲川の流れを望む眺望は、まさに詩人藤村の世界である。突然、草笛が聞こえてきた。振り向くと、十数人ほどが輪になっている。旅心に響く、どこかもの悲しい音色だ。近くの四阿(あずまや)で何曲か鑑賞させていただいた。静かに成熟した風を感じながら、出会った子に聞いてみた。なんと「千曲川旅情の歌」全部をそらんじて聞かせてくれた。みんなが暗唱しているのだという。感性豊かな心を育てる山里の教育力に感銘した。再び訪ねた折に、修業僧横山祖道の草笛演奏機を見つけた。「歌哀し佐久の草笛」に引かれ草笛を吹き続けたという。子ども達に囲まれ、まさに現代の良寛さまを連想する。高速道路の開通で、小諸は一気に飛び越せるが、千曲川の古城と草笛の魅力は、旅人を引き付け懐古園へと誘う。葉っぱを口にあて吹いてみたくなるのだ。家畜生理学の佐久間勇次先生の自宅が、川越の藤村ゆかりの老舗旅館「佐久間」で、藤村の執筆姿を見た記憶や堀口大学ら文士と入間川の川遊びを楽しんだという語らいを思い出す。

「木曾路はすべて山の中である。」藤村の『夜明け前』の書き出しだ。明治維新の改革のなかで、木曾路に住み着き息づく維新の理想と現実を、父の悲劇をとおして必死に庶民の生活を書きあげている。新しい時代に藤村の苦悩は続く。先に著した『破戒』の主人公丑松の生涯と重ね見る。屠牛場の生と死のはざまの心理描写に思わず息をのむ。中国の2012年ノーベル賞受賞作家莫言(モーイエン)の「牛」が描く、文革期寒村の荒涼の大地で這いつくばって生きる人々、そこに登場する獣医師老董(ラオドン)とそれを取り巻く農民達が、大魯西(ルーシー)、小魯西、双脊(シュワンジー)という3頭の牛の去勢手術をめぐって生と死を凝視する様と重ね見てしまう。文革期農村が抱える生き様が実にリアルに描かれ、改革・開放後の中国農民の潜在意識と現在の人口流出や格差拡大の原点を思わせる。中山道木曾谷で基礎産業の林業は、伊勢神宮御用材の御杣山（みそまやま）の自然休養林を控えながらも、銘木木曾檜は今も不振だと聞く。活路の漆工芸は、伝統産業として有名である。旧態依然とした建物が多い宿場が注目され、国の重要伝統的建造物群保存地区として妻籠についで奈良井が選定され、今や文化財観光立地に活路を見いだした。妻籠宿と馬籠宿は峠を挟み、馬籠は最近岐阜県に編入された。永年保存運動に取り組んできた奈良井宿松坂屋漆工房のご主人は、今も往時のたたずまいの一力茶屋跡の店頭に控えて、立ち寄る旅人に、用意した和紙に毛筆で赤い襟巻き地蔵尊を描き、「無事（祈る）あなたの先祖はあなたの中に」と即興的に墨書し落款を押す。実に素早く書き上げ、傍らの奥さんがそっと手を貸し渡してくれる。旅人を温かく迎え無事を祈る宿場である。『夜明け前』から80余年、木曾路は、旅情豊かに人々を引き付ける藤村ゆかりの道である。

（二〇一三年　四月号）

キャラクター

移動革命といわれ、人や物、情報、通貨が国境を越えて行き交う時代、さまざまな問題も当然ながらグローバル化する。感染症、偽装食肉、大気汚染、温暖化、金融危機など次々と新しい脅威に備えねばならなくなった。

今年の初めに、羽田空港国際線の動物検疫所を見学させていただいた。迫り来る感染症の脅威に対して、基本4法の家畜伝染病予防法、狂犬病予防法、感染症法、水産資源保護法を軸に水際検疫の責任の重さは計り知れない。制服制帽に身を固める現場の緊張感が伝わってくる。全国では３７０余人の家畜防疫官が30ヶ所の動物検疫所に配属され、法律で指定された空海港97ヶ所を守る。羽田空港も検疫場の運用が始まり、家畜、犬等の係留施設は13ヶ所になった。

国際化の広がりで外国人に分かりやすいように、国際経験豊かな桶谷良至支所長は、ＯＩＥや日本獣医師会等の記章を付け、品格と友好の態勢で臨まれていた。昨年から、肉製品や果物を探知するアメリカで訓練されたビーグル検疫探知犬「ニール」と「バッキー」が大活躍している。公募で誕生したイメージキャラクター「クンくん」のぬいぐるみが、職員の楽しい演出で人気を博し、手作りのマスコット犬が出迎えるカウンターは、友好的で明るい雰囲気に包まれている。また、キャラクター犬が出迎えるフロアの広報ブースは、良く工夫されて楽しく学べるコーナーである。

連休時の空港利用者は多く、近隣国での口蹄疫や鳥インフルエンザの発生もあり、「伝染病お断り」として「頼れる鼻」の「検疫探知犬」の活躍がメディアに動画付きで報道され、関心の高さを物語っている。探知犬は今年の福岡、中部空港の増頭で10頭になったという。「多くの方に声をかけられると集中力を欠くので、見かけても手を触れず、遠くから見守って欲しい」と呼びかけている。摘発件数も多く、感染病侵入の危機に際し大いに活躍が期待されている。

今やキャラクターは大流行である。身近に置いて可愛がる小動物や人形が多いが、イベントには付き物のように登場する。テレビでよくお目にかかるのが、ＮＨＫの「どーもくん」だ。言葉はしゃべれないのに元ＮＨＫアナウンサーの真似をしているのだとか。古都奈良が生んだマスコットキャラクター「せんとくん」は、大仏様の頭に鹿の角が生え人気の的となり、多くの観光客を集めた。また、面白いのは東大五月祭に登場したヒツジのマスキャラ「めいちゃん」だ。なんと女の子で紙とイチョウの実が大好きで、ついに公式グッズで手のひらサイズのぬいぐるみが誕生した。追いかけるようにあちこちの大学でマスコットが生まれてきた。

各地の行政機関もキャラクター作りに励んでいる。国体のキャラクターを県のマスコットに据えた埼玉県は、「コバトン」が大活躍でデザインも数百種を超えた。さらに、県の愛称「彩の国」がキャンペーンマークに選定され、一層の普及につながった。ポスターだとキャンペーンガールが微笑みかけるが、「ゆるキャラ」は親しみや愛着を高め、宣伝効果が大きいと、工夫されながら出現し人気を集めるこの頃である。

（二〇一三年　七月号）

ヨタカ

アマテラス

黄金色に輝く波が微風に息づいてなびく、日本の四季は確実に巡ってくる。連綿と民族の生命を支えてきた実りの秋だ。連作が当たり前の驚異的な日本の田んぼがそこにある。稲作は水をよりどころとして栄えてきた農耕の民の文化である。

考古学は、紀元前3世紀の頃に定住化した稲作農耕を土器構造から弥生文化として学説化した。「弥生式土器発掘ゆかりの地」碑が文京区弥生の言問通り脇に建立され、都心部における数少ない貝塚を伴う遺跡として史跡に指定されている。縄文式と異なる壷が根津谷に面した貝塚から発見され、地名にちなんで弥生式と名づけられた。また、この時代の農耕集落である登呂遺跡では、米作りを体験的に学習し定住生活の原点と生活の知恵を教えてくれる。『土の中に日本があった』の著者大塚初重・明大名誉教授は、登呂遺跡発掘から研究生活に打ち込み、「発掘とは、真実の歴史を知ること」との思いが戦後考古学に息を吹き込んだ。東日本で壁画を持つひたちなか市の虎塚古墳の発掘を手がけたことでも知られる。

　数限りない無数の生き物が田んぼをよりどころとして生きている。水と土と空気と、そこに太陽の恵みが作り出す生き物の芸術の場が仕組まれている。春に迎えた田の神は、やがて取り入れを終えると山へ帰って行く。新穀を神に捧げて収穫を感謝し、来るべき年の豊作を祈る「新嘗祭」は、宮中では天皇自らが、多くの農民達は産土神で祭儀を行う。現在の祝日「勤労感謝の日」の原点であり、各地で収穫感謝の行事が盛大に開催される。

　皇室の祖先神を祀る伊勢神宮の遷宮をとおして、見えてくるものは太陽神アマテラスへの崇敬と伝承である。歌舞伎の坂東玉三郎と佐渡の勇壮な和太鼓奏者の鼓童とが共演し、音楽劇「アマテラス」が新たな神話の幕を開けた。イザナギからアマテラスとツクヨミ、さらに荒ぶるスサノオが生まれアマテラスと対決、漆黒の闇を憂える八百万の神達、アメノウズメの恍惚の踊りと歓声、天の岩戸が開き目もくらむ輝きとともにアマテラスが再び姿を現し、世界に光と慈しみがあふれる。まさに、生命の根源である天の恵み、太陽への感謝と畏敬こそ、人々の心の琴線に触れ、やがて絶対視観を醸成する。

　伊勢神宮への民族的崇敬が、１３００年にわたる遷宮の偉業へとつながる。62回目の「遷御の儀」は今月の2日と5日に治定された。かつて白洲正子は、夜のしじまの儀式をアマテラスの生まれ変わりの瞬間だと感涙の筆を取った。節ひとつない檜材で建てられた清浄かつ質素で力強い社殿は、古来建築の原型を思わせ、魂が日本の美を感じ取る。「平成の伊勢参り」が盛んに行われている。

　もともと、鎌倉時代以降、一般人が参宮するようになり、伊勢講も生まれ御師が旦那回りをして大麻を配布し、一層盛んになったという。江戸時代には、熱狂的なお陰参りが行われ、仁科邦男著『犬の伊勢参り』が話題になるほどで、犬の行動を「お参り」と解釈した善意の人の心の生み出した産物であったとしている。伊勢神宮の厳粛さの中に信仰と娯楽が共存し、人々の幸せな思いは今も熱く引き継がれている。

（二〇一三年　十月号）

キジ

山神さま

猟期になると「山の神様ありがとう！」の声とともども山帰りの猟師がやって来る。沢水でよく洗った獲物のイノシシが荷台に縛り付けてある。何匹ものお供の猟犬が檻（おり）からこっちを見ている。いかにも狩りの本領を発揮し終えた満足気な顔に見える。

関東の奥地から信州の入り組んだ山奥を野宿して駆け巡ったという。その中の1匹が診察台に担ぎ込まれた。巻き付けられたタオルに血が滲み出ている。体のあちこちに傷がある。イノシシの鋭い牙で反撃されたという。吠え込んで追い詰めるだけの仲間犬は無傷なのに、勇猛果敢な咬み付き犬が必死に抵抗するイノシシの牙に掛かったのだ。名誉の負傷と言うべきか。傷が軽ければ無麻酔で口輪保定だけで縫う。時には内臓が飛び出したまま運び込まれるのもいるが、さすがに我慢強いのが多い。狩りの血が騒ぎ、傷も癒えないうちに再び山へ放たれたりもする。犬にとって猟期こそ本能に従う闘いの時なのだ。シカやクマ、時にはカモシカにも遭遇する。追い詰められた若いクマは、実に素早く木に登って身を守るという。人家が近いと、多くは箱わなが使われる。タケノコの季節は、イノシシと人の先取り競争である。あの鼻でブルドーザーのように見事に掘り返して食いあさる。もちろん芋など根菜類もそうだ。シカの食害も今や無視できなくなった。

野生鳥獣の被害が数字化され鳥獣害対策が表面化してきた。猟友会への駆除・駆逐の委託、忌避剤の活用や電気柵の設置が行われる一方、各地で箱わな講習が行われている。獣種の見分け方から生態や習性を学び防止策を考える。鳥獣保護法、外来生物法などを勘案し、農業振興と環境・保全生物の両面から機能的な運用を図る。今やアライグマとハクビシンは都市部にも広く侵入し、特に空き家が問題化している。イノシシやシカの他、クマの出没は防災上早急かつ適切な対応が求められ、鳴り物や餌場撤去の対策が進められている。サルは発信機の取り付けにより、集団的な行動が把握され追い払い対策がとられる。山里でサル除けに急いでイヌを飼ったが吠えないので役立たないと嘆く。どうやら特別な訓練が必要のようだ。道路の警戒標識もシカの他、イノシシやサルなど種類も増えてきた。

生活圏で野生動物が話題化されて久しい。里山の放置が、野生動物の侵入を招いたとよく言われる。農山村の経済環境は実に厳しい。都市産業を目指す人口流出で限界集落という言葉まで生まれた。

かつては姿を見ると山に餌が少なくなったからだとか、数が増え過ぎたとか、里人の善意の解釈が成り立っていた。家路に着くと、彼らとの出会いを夕べの語らいにしたものだ。農作物の鳥獣害対策や生物多様性と環境保全型の施策は、野生鳥獣との共生を目指す観点から、天敵の乏しい昨今、個体数把握と適正な管理が求められ捕る、狩る、屠（ほふ）る行為として、今や知の課題となった。

山神の怒りに触れない感謝の糧でありたい。峠道に光が差すと、石塔に刻まれた大日如来の梵字が浮き立つ。古に素朴な里人が集い、山への畏敬の念から本地仏とした山神への思いが交錯する甲午(きのえうま)の初春である。

（二〇一四年　一月号）

顔　アライグマ（上）とハクビシン

ネコの足跡

列車の床にネコの足跡発見！　トンネルに入ると足跡が見事に光り、その色合がいかにも神秘的で追い駆けたくなる。イラスト化されるとイヌでも爪跡が消えるが、肉球と指跡からネコであることは間違いない。指跡を追うと4・2・2・1・0・0・0・3・3と不規則に並びかなり活動的に見える。0は肉球だけのものである。当たり前だが足跡は動物種に固有で、足跡や足紋を取るとその生態や進化の過程まで分かると言う。気がつくとシアターアニメが走行中の車輌からトンネルの壁に投影され、ネコと森の仲間がうごめき、注目の的になっている。暗いトンネルは子どもには怖いイメージがあるが、楽しいものへと転換を狙った発想が素晴らしい。トンネルを抜けると、まるで夢から覚めた感覚になる。やがて絶景の渓谷美を堪能するうれしい停車サービスとなる。乗客は思わず窓辺に駆け寄り息をのみながらシャッターを切る。国鉄から引き継いだ福島県の山間部を走る第三セクターの会津鉄道が、市民と知恵を出し合って工夫した演出だ。芦ノ牧温泉駅の「名誉駅長ばす」は、チョコンと駅長の帽子を載せた老齢の長毛雌ネコである。近くの子どもに拾われてこの方、女性駅長の世話になり駅舎内に表札付きの専用小屋がある。十五分の長い停車時間中に乗客の関心を集めながら、小屋で気持ちよさそうに休息していた。多くのメディアの旅番組や情報番組で取り上げられ、宣伝効果抜群の貴重な存在だ。ネコの駅長は他の路線でもしばしば話題になり、特に若い女性に人気がある。車輌は、お座トロ展望という三両編成の観光列車である。車輌の内外に彼女のキャラが描かれ、グッズも豊富でカレンダーもある。大内宿（おおうちじゅく）の風情から千木（ちぎ）を載せた国内唯一の茅葺屋根の湯野上温泉駅も十六分のゆっくり停車で、駅に備え付けの足湯はすこぶる快適である。独特のニュース性が温泉や近くの景勝地塔の岪（へつり）に加えてうれしい。ネコを据えた取り組みが、こんなにも人々を魅了し幻想の世界へ誘ってくれると、旅情もひとしおである。さらに、湯野上温泉駅から一山越えて取り残されたような大内宿の重要伝統的構造物群国内三番目の宿場町保存の取り組みは、多くの人々が訪れ、山村の人々に自信と活気をもたらし、地域再生への足がかりとなった。山村集落に生活基盤を持つ人々にとって、近代化か保存かは厳しい選択であったろう。所属する獣医師会が東北支援を念頭に、今回で三回目を迎えた旅行先に奥会津が選定され、その新鮮な記憶を記した。農山村をどう再生するか、今や大きな課題である。一村一品運動に見る特産物の開発がある。また、観光資源は人を集めることである。国際競争激化の中で地域再生に向けて、工場誘致や特産物・観光化があるが、地域を人間の生活の「場」として再生させ、環境保全・地域文化を通し生活の持続可能性を追求することだと財政学の神野直彦東大名誉教授は説く。今と昔が出会う奥会津はその縮図を見せてくれた。

（二〇一四年　四月号）

農業本論

日本の国土には、地域固有の輝きに満ちた個性がある。そこに生きる人々が宿命的に受け入れ、連綿と守り育ててきたものだ。当たり前すぎて気付かないことも多い。潜在する日本人の遺伝的とも言える感性が揺さぶられる。方言丸出しの声を聞くとホッとして、心からの会話が成り立つのだ。故郷の形の中に音が響き、懐かしい香りがお供してやってくる。「もりおか」駅は、正面にひらがな書きで啄木と添えてある。「ふるさとの 山に向かいて 言ふことなし ふるさとの山はありがたきかな」 近くの渋民村が出生地で、駅前の碑文が岩手山を背に出迎える。詩情豊かな駅前に立つと、新渡戸稲造の柔和な顔の胸像が目につく。盛岡が誇る国際人の故郷なのだ。『農業本論』（新渡戸稲造著 東京 裳華房発行 初版本 明治三十一年）と「農は産業の基、農民は国家の源なり 稲造」と記した墨書の裏表紙が添えてある。「岩手の〝大地〟と〝ひと〟とともに」を標榜する岩手大学図書館が所蔵し、同大ミュージアムに展示されている。木彫りのキャラクター〝がんちゃん〟の出迎えはまさに今風だし、庭の宮沢賢治の影長の彫像も前衛的で魅力がある。本書は国内最初の農学博士の論文で、これほどまでに国際的な広い視野から、農業を基幹産業として捉え論証した文献は見当たらない。初版本をぜひ見たいとの思いから岩手大学を訪問した。農学総体の材料を人的・自然的に体系化して農学の位置づけを明らかにし、経済や政治あるいは諸組織との関連を理論付けている。生産学の中で畜産学と獣医学は並列され、農学と医学の比較論では理論的な共通性に注目したい。「農は万年を寿ぐ亀の如く、商工は千歳を祝う鶴に類す。両者相俟（あいま）って始めて完全なる経済の発達を見るべく」として理想国家像を描いている。その後間もなく英文で『武士道』が書かれ、日本人を改めて見直し精神的な自信を植え付け、今もなお読み継がれている。「われ太平洋の架け橋とならん」は東大入試で面接時の答えだという。

高潔な日本人像で筋金入りの武士道の人という表現がぴったりの人物に出会った。百歳を越えてなお矍鑠（かくしゃく）として今も活躍される人物、奥野誠亮元文部大臣である。政治家として国を背負って活躍した信念の人であり、平城遷都1300年記念事業や地方行政に通じてその薫陶を受けた方々は多い。信念と展望を持ち、義に厚い高潔のサムライの風格がある。アジア福祉教育財団の理事長を三〇年以上も務めて身近なアジア諸国との友好交流を推進し、今も一〇一歳で名誉会長の任にある。滔滔（とうとう）と語る直立姿勢に感動と敬愛の念を禁じ得ない。事有る度にあたふたし、TPPと連動したかのように農協指導機関の中央会切り捨て論も出る時勢、今の政治家に彼の本を読ませたいものだと申し上げたところ、ホホゥとうなずかれたのが印象に残る。久しぶりに本物の日本人に触れた思いだ。先人達が熱い思いで築き上げてきたものを、柔軟に受け止める姿勢を持ちたいものだ。

（二〇一四年　七月号）

花の日

「おお　これは見事だ！」 思わず声にした。新鮮な花々が出迎えてくれた。「きょうは、花の日です。人生の花であり、希望の印である子ども達が祝福されますように」とカードに書かれている。庭などの花を持ち寄って花束を作り、日頃お世話になっている方々や福祉施設へ届け、感謝の気持ちを表すのだという。幼稚園の愛らしい小さな紳士淑女の社会参加教育である。福祉施設の訪問では、お年寄りの皆さんが笑顔と拍手で迎え入れ、子ども達はため息の出るような新鮮な体験をすることだろう。園で飼育する動物達に微力ながら関わることから、里山を背にした小さな診療所にまで届けて頂いた。訪問診療時に、取り囲んで離れない園児達の好奇心に満ちた驚きの目や「なにやってんの」とか「どうしたの」とかの屈託のない語りかけを思い出してしまう。カウンターに飾り、しばし花々を見詰めた。個性豊かな輝きが、十人十色のあどけない素顔と重なり、形も色も香りも一層豊かに感じられ実に幸せな気分になった。

「命の教育」が叫ばれて久しい。学校飼育動物に獣医師が能動的に参画し、現場教育のお手伝いをさせて頂いてきた。学校の動物飼育体験が、「命の教育・思いやりの教育」などの「心の教育」に有用であると客観的に裏付けされ、学校保健法の枠を超えた取り組みで学校獣医師の制度化に到達した事例もある。日獣委員会報告は「幼少期に動物に愛情をかけ、大切な存在として意識してこそ、死の悲しみや命の尊さを理解できるようになる」としている。一方、ゆとり教育は授業時間の短縮を招き、国際学力との比較から学力の低下が論じられ脱ゆとり教育へと舵を切った。動物の飼育は、休みの無い連続の世話が必要である。小学校では飼育委員会の子ども達が、当番を作り面倒を見ていることが多い。幼稚園や保育所では先生方の手を煩わせるが、学校の体験学習で飼育か、栽培かという選択だと栽培系へ傾くようだ。特に鳥インフルエンザが問題化した頃から、鳥類の飼育は敬遠傾向になり、キジ科は極端に減少した。ウサギ舎はともかく鶏舎は施錠して隔離され、誰でも入って触れる環境は減ってしまった。有名な教育家ペスタロッチは子どもの自発的活動を重視する直感的方法を唱導し、社会改革は教育によってなされると主張、世界最初の幼稚園を創設したドイツの教育家フレーベルに引き継がれてゆく。遊具を使った児童の遊戯・作業を通じて個人的要求を社会的に方向づけ、生活即教育の立場をとり、子どもの自己活動を尊重した。逃げ回るニワトリを追い駆け、ヤギの角に触れ、ウサギを抱きしめ、温もりと鼓動を聞く。鳥の飛ぶ姿と声を聞き、どう生きるか愛育行動も体験的に学ぶ。好評の話題映画「夢は牛のお医者さん」のように、素直な熱い視線で動物と触れ合い共生し、体験しながら心を磨き、子どもの誰もが動物を心から相棒として触れ合える環境づくりに、一層知恵を絞りたい昨今である。

（二〇一四年　十月号）

土を掘る

古代人も見たであろう「甲斐風土記の丘」の天辺から見下ろす甲府盆地は、南アルプスから鳳凰山の向こうに甲斐駒ケ岳が、眼を転ずると八ヶ岳から秩父山地へ、さらに大菩薩嶺へと脈を引く要害の地であり、そこからの眺めは実に見事である。郷土の古代を土の中から掘り起こし、歴史を確かめた満足気な表情がほころぶ。石和の青空温泉で発掘の身体を癒したと聞く。

中央自動車道が開通し、富士川上流の笛吹川と釜無川流域で建物が随分増えたという。手前山裾を注目の山梨リニア実験線が走る。富士山に向かって山々が、雲を抱きながら人間社会を見下ろしている。どの山も名にし負う名山だ。「風土記の丘」は、国の音頭取りで各地に見かけるようになった。遺跡を中心とする野外博物館と公園機能を備えた画期的な取り組みである。

弥生文化は、紀元前5世紀頃から3世紀頃までの約800年間大陸や半島文化の影響を受けながら稲作が発達した。古代国家形成に向けて踏み出し、やがて身分差が生じ首長層が力を持ち墳丘墓が出現する。古墳時代の前段階だ。3世紀末から7世紀末までに前方後円墳が各地に造られた。大和王権が倭の統一政権を確立していくなかで、各地の豪族が古墳を建造した。この時代、大陸や半島からの渡来人の関わりは大きい。甲斐風土記の丘の丘陵西端支丘の狐塚古墳から出土した画文帯神獣鏡の年号は、なんと呉の紀年銘「赤烏元年（238）五月廿五日」と倭の卑弥呼の時代だ。やがて記紀にヤマトタケルが登場し、肖像が終戦直後に千円の兌換券で発行され幻の紙幣と呼ばれた。古事記は倭建命、日本書紀は日本武尊と記す。

考古学の専門家で過去に数々の古墳の発掘を手がけ、古墳と記紀に見る酒折宮に注目して研究している笛吹市の森和敏さん（76）に案内して頂いた。ヤマトタケルは言向けしながら東征し、国造に欺かれて駿河国の野中で火攻めに遭い、火打石で迎え火を打って難を免れた。火打嚢（ひうちぶくろ）は出発の途次、伊勢神宮の叔母倭比売命（やまとひめのみこと）から授かったものだという。東征の帰還時に甲斐国酒折宮に駐輦（ちゅうれん）する。酒折宮は日本武尊を祭神とし、この火打嚢を御神体とし宮司も開けることがないという本殿は、神明造高床穀倉式で左右に円柱形の棟持柱が、屋根には千木と堅魚木が、破風には鞭懸（むちかけ）がはめ込まれ伊勢神宮と同じ様式である。また、連歌（れんが）発祥の地でもある。古墳の発掘に当たっては民間伝承も参考にし、祠や神社との関連性が高いそうだ。副葬品は生活用品が多いとか。甲斐駒は貴重品で発掘した骨を調べると、小型で道産子のようだと教えて頂いた。

　風土記の丘の傾斜地では円墳や前方後円墳の水準や角度の技術、さらに方形の延長交点が円形の頂点と一致する高度な土木技術に驚かされる。発掘するとかなり古い時代の盗掘も多いと聞かされた。丘があり祠がある風景はどこにでも見られる。専門家の目は古代渡来人の移動、豪族の姓や地名あるいは里人の伝承に注目しつつ、土の中に眠っている古代史を追い続ける。

　グローバルな時代に人類の尽きない探究心は、天と地に向けたロマンを追い求めることだとつくづく思う年頭である。

（二〇一五年　一月号）

ホルスタイン種

万葉集

今月の異名は卯月である。大伴家持は「卯の花もいまだ咲かねばほととぎす　佐保の山辺に来鳴き響もす」（万葉集一四七七）と平城京東北部の里山の佐保に住んだ。古典文学に触れた学生時代を思い出す方も多いことだろう。

大伴家持が編集の中心だとされる万葉集は、奈良時代の八世紀後半に成立した現存最古の歌集である。雑歌・相聞・挽歌などの部立てで、巻一七以降は年月日順で歌体は短歌に限らず、作者が皇族・貴族から遊女・乞食までの広い階層に渡っているのが面白い。家持は月の異名の元となった植物のウツギの花で季節の到来を待ち、まだ咲かないうちにやって来たホトトギスの声に魅せられ、地名を入れて詠んでいる。繊細優美な歌で、日本の季節を賛歌する懐かしい佐々木信綱作詞の唱歌「夏は来ぬ」の原点を思い浮かべる。里山にウグイスが去来しては鳴き、ウツギの真っ白い花が咲き誇る頃、ホトトギスの「トッキョキョカキョク」が聞こえてくる。早朝の鳴き声は里に向かってここに居るぞと言わんばかりに、繰り返し民家の屋根を越えて響き渡る。ウグイスの巣に托卵し抱卵と子育てをちゃっかり託す運命共同体なのだ。

同じ頃、カッコウも夏鳥として渡来し、モズやホオジロ等に托卵、山林で繁殖して東南アジアに渡るという。これらがリンクしながら里山を生息圏にしているようだ。里山の下層植生の藪を好むが、外来鳥のガビチョウの侵入が目立ち、生息圏生態への影響が気がかりなこの頃である。

古典文学と植物を研究した植物文学者の松田修は、万葉集に出てくる植物はほとんどが実用的価値を持つもので、万葉人の生活に大きな役割を果たしたとし、登場する一八二種類を食用、薬用、染料、建築、工芸、医療用に分類、当時身近にあったものを記録したと注目している。最も多いのがハギでウメ、マツと続く。

植栽された庭園に万葉歌碑を配置した情緒ある各地の万葉植物園の存在は、人々の琴線に触れながら、万葉人の思いが感じられ訪れる人も多い。歌碑は万葉仮名に読みを添えて古代を静かに演出しているようだ。

また、都を遠く離れた陸奥国にまでおよぶ東歌は、方言を入れ安達太良や会津の地名を冠しており、ご当地ものとして興味を引かれる。東国の家族と離れる悲しさや、夫が遠くへ行ってしまう悲しさや不安、さらに無事に帰るよう祈りを込めた防人の歌は、一層古代のロマンを醸し出している。役人に連れられ任地の北九州までほとんどが徒歩で、運がよければ馬か船で、随分辛い旅だったに違いない。任期を終えても帰るに帰れない行き倒れの過酷さに思いをはせる。

『万葉集事典』（中西進編）によると、動物ではホトトギスが最も多くウマ、カリ、シカ、ウグイスと続きイヌ、ウシはあるがネコは見当たらない。さて、野草のホトトギスはユリ科で秋に開花するがホトトギスの胸の斑点によく似た可憐な花だ。身近な音と姿形や香に魅せられ、万葉人が体感した味わいのある季節が列島のあちこちにやって来る。

（二〇一五年　四月号）

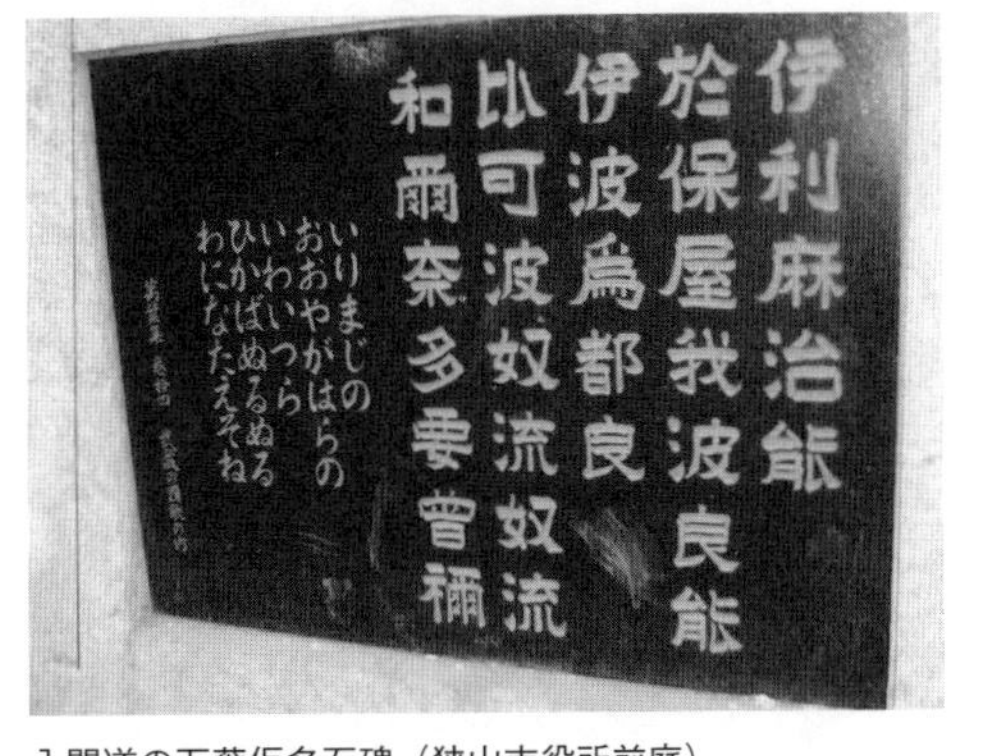

入間道の万葉仮名石碑（狭山市役所前庭）

眷属

かっと目を見開き、口をきつく結び髪の毛を逆立て、凄まじい形相で鋭く正面を見据えている。逞しい筋肉の浮き出た左腕は腰に、右手を高く振りかざし今にも振り下ろしそうだ。武装しながら何と足はサンダル履きで近寄るものを寄せ付けない構えだ。まさに迫力みなぎる神将の姿である。照明が一層の効果を引き出し髻（もとどり）にウサギを乗せているのがよく分かる。専門家は写実的で力強い様式から、鎌倉時代の彫刻界を代表する慶派の作風十分だという。出羽国・慈恩寺の薬師如来に眷属（けんぞく）する国重文の十二神将のひとつ卯神（ぼうしん）だ。

仏教文化が花開き、幾多の仏像が支配者や民衆の力で信仰の対象として造られてきた。仏像は人々に心温かく救いを差し伸べ、なにものにも代え難い絶対的な存在として神格化されてきた。如来や菩薩の顔は、彫刻の真髄が表現され人々に安らぎを与える。眷族する像の千手観音の二十八部衆あるいは山門の金剛像の形相といい、力強さは見入るほど頼もしい表情だ。釈迦仏中心から大乗仏教の発展とともに多数の如来や菩薩、明王あるいは天などが造られてきた。

薬師如来は、左手に薬壷を持ち人々の病や苦しみを取り除き、災害を防止する現世利益の如来である。十二誓願の薬師如来が眷属する干支由来とされる奈良の新薬師寺の十二神将は、修学旅行生におなじみであり、最近では仏女にも人気がある。薬師本尊は平安時代初期の一木造りの国宝で切れ長の眼と引き締った口元と肉付きの良い身体の坐像であり、六仏を光背に持つが日光・月光二菩薩の脇侍（きょうじ）はいない。円形の須弥壇（しゅみだん）に本尊をぐるり取り巻くように安置されたひとつひとつの姿を感慨深く拝観し、信仰と芸術の円熟した極致に驚いたものである。奈良時代の塑像（そぞう）は、十一体がわが国最古最大のもので国宝に指定されている。特に注目されているのが国宝の伐折羅（ばさら）大将で干支の戌（いぬ）に当たる。髪を逆立てベンガラが使われていたようで、まさに炎髪の表現がぴったりである。顔の緑青をうかがわせる色調から、かつての物凄い形相が想像される。ガラスのはめ込まれた眼力に吸い込まれそうである。尊像の髪型、眼のつくり、服装から持ち物まで同じものはない。それぞれが実に個性に満ちた姿である。しかも武装が中央アジアの皮革製の鎧（よろい）は仏教伝来の時代を思わせるものだ。

『さがえ風土記』の著者宇井啓さんから古刹（こさつ）慈恩寺のレジメを頂き、表紙の卯神が持つ独特な表情に魅せられ、いつか出会いをと念じていたところ、上野の「みちのくの仏像」展で願いがかなった。

東北を代表する数々の仏像を感謝と感動をもって拝観することが出来た。東北三大薬師のひとつ黒石寺の薬師如来は貞観（じょうがん）地震以前の作で、あの災害時の苦難の人々を二度も見守り続けたことになる。会場の独特な雰囲気を感じながら、如来や菩薩はもちろん、木の素材が見事に生かされた素朴な円空仏に顔を近づけ、じっと見つめ静かに手を合わせる柔和な目と温和な人柄、みちのくに生きる人々の穏やかな心に触れた思いだ。

（二〇一五年　七月号）

茶畑の向こうに丹沢・多摩山系が見える（桜山展望台から）

経済のかたち

r>g　こんな式が一気にメディアに登場した。言わずと知れた経済用語だ。戦後70年、社会構造もすっかり変わった。ピケティの『21世紀の資本』が世界的に注目されている。資本収益率（r）は経済成長率（g）をいつも上回っているという、戦争期を除く歴史的ともいえる過去2000年間のデータを解析して到達したとされる経済学説である。

資本主義は宿命として所得格差が存在し、いわゆる自由競争に委ねる進歩がもたらす必然の社会現象であるとする。近代資本主義社会の経済的運動法則の解明を究極目的とした資本家・労働者・土地所有者の敵対関係を解明したマルクスの資本論に続く21世紀の学説だとも言われている。自由競争が不平等の拡大を招き、数々の格差のうち所得格差は話題性が目立って高い。民主主義のルールからして、格差はそれ自体が問題ではない。競争を担保し競争心を起こさせることは社会の進歩に必要だからだ。格差の許容度の問題であり、本人の努力に帰せられる許容なら、それは至極当然だと言うことになる。

昔は土地すなわち農地が資本であったが、今や機械に取って代わってしまったようだ。激烈な開発競争のなかで、市場原理の競争が日夜展開されている。資本主義と民主主義のバランスが大切である。特に世襲資本は階層化を生み出すと注目されている。ポスト社会主義の時代に生きることは、利益の最大化に地球規模で遍く突っ走っていることになる。時には倫理性を無視した行動も正当化されてしまう危険をはらんでいる。

人間の心を大切にする経済学が宇沢弘文・東大名誉教授によって提唱され注目されている。「ゆたかな社会」を求めてコモンズに見る自然環境の安定的・持続的維持、住居と生活的・文化的環境、社会的人間を育てる学校教育制度、最高水準の医療サービス、希少資源の効率的かつ公平な配分の経済的・社会的制度を整備し、これら「社会的共通資本」を社会的装置として据える考え方で、当然ながら政治的プロセスを経て決められるものである。

一方、岩井克人・東大名誉教授は情報資本主義の下、契約と信任という二つの異質な人間関係を軸とする新たな市民社会像の構築の必要性を説く。法的には契約の主体だが主体になれない「人間」として「法人」をあげている。人ではないが法律上人として扱われる物であり、権利と義務を持つが精神も肉体も無いので自然人が不可欠で、これが非営利法人では理事であり会社では代表役員となる。専門家と素人の関係は信任関係をコアに持って、受託者に要請されるのはまさに倫理である。法律は当然ながら倫理の欠落を補う役割を果たすことになる。

これらの潮流のなかで、グローバルな市場競争は激化し格差・不平等の拡大が続く。所得格差、地域格差、教育格差など政策課題に注目しながら時代を生きる持続可能な経済社会を構築する思想や知恵を蓄え、真剣に「経済のかたち」を模索中だ。経済統合したEUも国家間の格差に苦しみ、ギリシャは国民投票を経て圏内から孤立しない、させない方策に取り組み借金苦からの解放が最大の課題となった。日本も学ぶことが多いはずだ。

（二〇一五年　十月号）

馬頭観音石像（所沢市・p. 26参照）

雪

雪にはいろんな神秘が付きまとい、人の能力を遥かに超えたさまざまな現象が引き起こる。生きるものに厳しい現実があるがロマンを感じ、やがて民話となって語られたりする。

小泉八雲はこよなく日本人の精神の美しさを礼讃し出雲を愛し、日本民族の揺籃と称した。民間説話を収めた彼の著『怪談』の中の短編「雪女」はあまりにも有名である。各地に伝説があるが、八雲の「雪女」は武蔵の国という書き出しである。ほぼ十年前に「雪女かかわりの地」碑がなんと東京の水瓶、奥多摩湖の下流青梅市の調布橋北袂の小さな公園に建てられた。一昨年の大雪で70センチの積雪が観測され、近くの御岳山(みたけさん)では100センチを超えた場所だ。絶景の多摩川は、不気味に深く流れも速い。よくテレビのサスペンス画面に登場するが、夏でも冷たく泳ぐどころではない。有名な御岳渓谷は、険しい流れを物ともせずカヌーを操る愛好家の姿が壮快だ。東京に住む八雲が、調布村から手伝いの父と娘さんを雇っており、二人から彼の地に伝わる「雪女」の話を聞いたのだという。関東の山沿いは、今でも雪の季節にはかなりの積雪があり難渋する。この地の雪は湿った雪で重い。ふぶくことは少なく静かにしんしんと降り積もる。民話が語る木こりの親子の姿といい、舟の渡し守の小屋といい、奥多摩を愛した川合玉堂画伯が墨線と彩色で描く雪景が、まさに民話の地そのものに映る。青梅は作家の吉川英治も構想を練った地だ。八雲は、民話を文学に昇華させ世界へ紹介した先駆者として広く知られている。

関東の雪は湿っていて重く溶けやすい。積雪量の多い牡丹雪の片付けは、手掃きによることが多く実に大変で、市街地では捨て場に右往左往する。首都圏では、雪の備えは乏しい。屋根に雪止めはあっても雪降ろしは見ない。一度雪が積もると交通への影響が大きい。翌朝のアイスバーンが危険だ。首都圏の車も、スノータイヤの備えが増えた。バスはチェーンを履いてゆっくり走る。

さて、豪雪時に新幹線「こまち」で秋田を訪れる機会があった。猛吹雪と積雪で雪を押し分け掃き除け雪煙をあげて走り、車輪は雪に埋もれ線路が見えない。雪原を走破する勇姿はさすがに新幹線の力量十分で、見応えがある。

見渡す限りの雪の世界は、美と幻想に満ちている。そこに生きる人々に川端康成の「雪国」を連想した。タクシーの運転手さんがワイパーの氷を叩き落として走ってくれた。今朝は気温が氷点下でふぶいて一メートル先も見えず大変でした。この雪を「パウダースノー」と呼んでいるのですと話してくれた。気象用語の「乾雪」がこれに相当するのだろうか。シベリアから日本海を渡る雪は乾いて細かく軽い。したがって、ふぶくと目の前が見え難く車間を十分確保しながら運転するのだという。信号機も雪対策で縦取り付けだ。雪国の自動車は、チェーンをつけないでスタッドレスタイヤを履く。スパイクタイヤが粉じん公害や路面の痛みで問題になった。山沿いや日本海沿岸の高架道は凍てついて滑り易いからとわざわざ避けて走り抜けた。事故車を横目に日常培われた雪との闘いと愛着から風土の味わいを教えて頂いた。

（二〇一六年　一月号）

雪の八幡神社鳥居

オウム返し

「おタケさん！」と呼びかけると、すぐに「おタケさん！」とかえってくる。面白いので「わはは！」と笑うと、「わはは！」とかえってくる。「オウム返し」とはよく言ったものだ。そのうち、覚えている言葉を勝手にしゃべりだす。電話のベル音など得意なものだ。善悪の判断なしに記憶を再生する。

オウムやインコはオウム科で暖・熱帯に分布するが、九官鳥はムクドリ科で東南アジアに分布する。九官鳥の声は喉を動かして声も大きく、人間の声によく似ている。人の言葉や他の鳥の鳴きまねがうまく、江戸時代から飼い鳥として輸入された。歌舞伎の主役が派手なしぐさや台詞で引っ込んだあとで、三枚目役がそっくりまねをして笑わせる演出もオウム返しだ。先の「おタケさん！」がよく出てくるのは、江戸時代にシーボルトが日本地図を持ちだした罪、いわゆるシーボルト事件で入国禁止となり、日本人妻の〝お滝さん〟を思い出して言葉を教えている内に〝き〟が〝け〟になり、今の表現をするようになったという。これが元でヨーロッパの鳥でも「おタケさん！」としゃべるのだそうだ。しかし、最近のしゃべりだと「ホーホケキョ！」「ポッポッポ！」や「おはよう！」「こんにちは！」「バイバイ！」「ごはんだよ！」がどうも多いようだ。しゃべり続けの最後に「頑張ってね！」の激励で家族同様に送り出されると、一日の仕事も楽しくなるというものだ。

ところで、外国では逃亡したのが下品な言葉でしゃべるので、地域で悩まされている例があると聞く。野生だと繁殖期に相手の存在と位置を知るのに騒がしく本来の声でラウド・コールする。これが単独飼育で人とのラウド・コールの繰り返しで言葉を覚えるという。人の外国語の発音教育で反復して発声訓練をして学習効果をあげるのと同じだ。かつて、東南アジアの政治家から友好の印に頂いた九官鳥を国内動物園で飼育していたが、しっかり日本語をしゃべっていたのを思い出す。また逃亡した迷子のインコが、保護先の警察署で深夜に突然住所を番地までしゃべりだし、3日ぶりに無事帰宅したのがニュースになった。その記憶力に驚くとともに、教え込んだ飼い主の根気強さに敬意を表したい。動物好きの作家・遠藤周作は、入院中も九官鳥をベランダで飼って会話を楽しみ、身代りもしてくれたと書いている。最近、犬猫が人の擬音をしゃべると教えられた。「ごはん」だ。屋内で人と動物の密着した生活の一体化がうかがわれる。

さて、緊急地震速報のチャイム音製作者として知られる福祉工学の伊福部達・東大名誉教授は、九官鳥の声が人間とよく似ていることに着目し、気管分岐部に鳴管が二つあり「抑揚」と「音の高さ゜ピッチのゆらぎ」が人間と波形は違いながらも、人間の耳にはしゃべっているように聞こえ、脳が同じ音声として処理していることを突き止めた。またインコの発声研究から、口を開けたまま破裂音を出す腹話術の謎が解明された。今や「イントネーションの出せる人工喉頭」の恩恵に浴している。まさに動物に学ぶ技術である。餌のいらないぬいぐるみのオウム返しの出現は、いかにも電子時代の産物だ。

（二〇一六年　四月号）

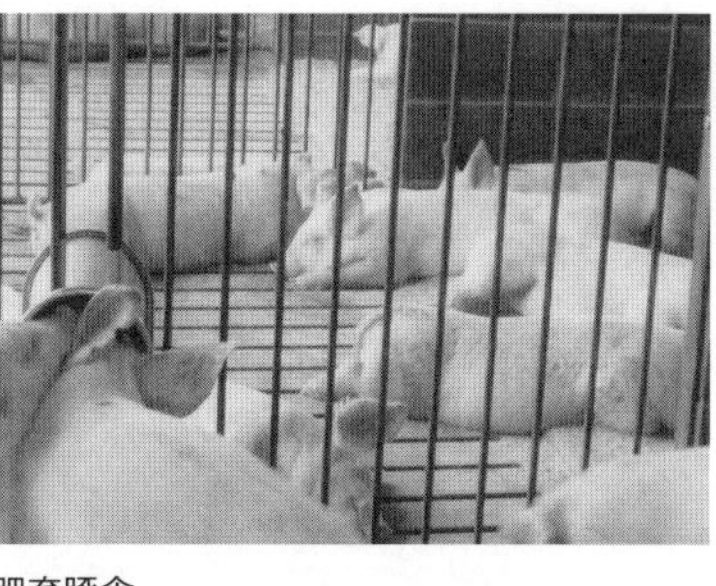

肥育豚舎

黒豚　オガ床肥育舎

マザーアース

〝Mother earth〟まるで映画のタイトルのような響きだ。母なる大地は大いなる人間の資産・資源であるにもかかわらず、今や世界各国が力に任せて利便性と利益を求めて、むさぼり食いあさっている現実がある。生物多様性をいかに維持発展させるか、環境負荷をいかに減らすか、大きな課題となってのしかかっている。

注目されるのは遺伝子・種・生態系の地球規模での減少に国際的努力が払われていることだ。環境省の最前線課題研究では、特に高い多様性を持つ東南アジアの熱帯雨林と海洋生物に注目している。CO_2から炭素を隔離するバイオマスは、環境保全の要である。ジュラ紀後期の古代の海テチス海の海退に起因する多様性は、海藻が陸上を経て海草化したものだ。また、絶滅危惧種の３割が木材輸入国の間接的影響下にあるとされる。さらに、絶滅危惧種が遺伝的タグにより国境に縛られない盗難防止効果から、保全の有効性を訴えている。メディアは衛星画像を添えて、日本をはじめとする建築資材の合板需要が、ボルネオ熱帯林の減少に拍車をかけ先住民提訴の発生や、ベトナムの森林開発によるゾウの絶滅危機と日本人女性新村洋子・元中学校教諭の保護活動の奮闘ぶりを伝えている。

われわれの取り組む課題も多様化し、ペットの野生化や家畜の野良化、外来生物による国内固有種の駆逐、希少種木曽馬のミトコンドリア多様性からの遺伝的アプローチなど、積極的な調査研究が行われている。

人が地球を食いあさる環境の変化は、人口の動態と密接に関係する。食糧危機が盛んに議論され、２０５０年には91億人が見込まれている。特にアジアとアフリカの増加が著しく、地球の収容能力は限界に達し、当然ながらここから人口減少に転ずると予測されている。人口の増加は農耕地の拡大を招き、それがもたらす森林破壊や気象変動による局地的集中豪雨あるいは砂漠化の防止は切迫した課題である。水生生物保全は、多様性維持と深く関わることは明らかである。

注目すべきは、中国の人口とその食を支える必需品資源としての豚肉、すなわち養豚用飼料穀物が需要増の傾向にあることだ。それが海外需要を掘り起こし世界の穀物市場を席巻する。人口を抑えてきた一人っ子政策も将来の労働力需要予測からか政策転換が図られた。海外依存の食糧需給への影響は必至で、中国の豚が世界の食糧市場を揺るがす存在となりうることだ。

化石資源に頼らない輸送手段や自然エネルギーによる電力供給の研究開発が進み実用化された一方、理研の無公害のゴム、プラスチックの代替材料の研究も先進的である。ほとんどが水でできた究極のエコ材料のアクアマテリアルは、水からヒオドロゲルを作り出し物性や機能の研究を展開している。また、光合成の解明は環境や食糧問題と関連するが、世界に先駆けたエックス線自由電子レーザーが光合成をつかさどるタンパク質複合体の構造解明の研究手段として活躍の場を与えられ頼もしい。

最近の人智を超えた列島の噴火や地震にみる地殻変動は、まるで反動する生き物のようだ。地球を痛めつけない科学の力こそが求められる力なのだ。

（二〇一六年　七月号）

カワセミのホバリング

渡来から未来へ

先頭の幼児集団が目立って愛らしい。にわかに歓声が沸き上がった。ゲートの薬玉（くすだま）が割れたのだ。「祝高麗郡建郡1300年」の垂れ幕と色とりどりのテープがパレードの頭上で舞う。郷土が誇りとする古代史を一身に受け止めた瞬間だ。

『続日本紀（しょくにほんぎ）』は、文武天皇（697・文武元年）から桓武天皇（791・延暦10年）までを編年体で記す六国史のひとつである。その巻七霊亀2年（716）五月の項に「辛夘以駿河甲斐相模上総下総常陸下野七国高麗人千七百九十九人遷干武蔵国始置高麗郡焉」とある。平城京に遷都し律令制度の下で天平文化が花開いた元正天皇の時代だ。遣唐使が国際情勢や大陸文化を運び込んで、唐をモデルに国づくりを進めていた。半島情勢は不安定で、名高い白村江の戦い（663）は日本・百済の連合軍と唐・新羅連合軍との間に行われた海戦だが、援軍に出た日本の水軍が唐の水軍に大敗、百済は滅亡、遺民とともに帰国した。間もなく高句麗が唐の高宗に滅ぼされ（668・天智7年）、半島から多くの渡来人を受け入れている。やがて朝廷の命で武蔵の未開発地に七国から集められた高句麗の渡来人は、信望厚い郡長の高麗王若光を中心に、高度な政治統治技術や高い技術力を駆使して開発に当たった。高麗王はその鬚白く人々の崇敬の念篤く、やがて白鬚明神の神として祭られた。

白鬚神社は高麗郡を中心に、とりわけ荒川流域に多数分布し隅田川の白鬚橋の近くや他県にも鎮座している。埼玉県日高市の高麗神社は高麗王若光の子孫が歴代継承し、現在の宮司は六〇代の由緒ある神社で、系図巻や貴重な古文書が所蔵され古くから地域の中核的信仰対象として訪れる人が多い。高麗郡は明治期に入間郡に飲み込まれたが、現在の日高市を中心に六市に及ぶ広域であった。古代史の権威上田正昭・京大名誉教授の『渡来の古代史― 国のかたちをつくったのは誰か』（角川学芸出版 2013）で、古代史研究から古代国家形成過程での帰化は、渡来が本筋だと、今や現代用語として定着した。彼の著書『帰化人』（中公新書 1965）の反響は大きかった。

高句麗古墳は積石塚と壁画古墳で有名で、安岳3号墳は人物・風俗画を主題として名高い。わが国最初の彩色壁画発見の高松塚古墳は藤原京期に築造されており、四神図や女子群像の飛鳥美人は、鮮やかさで高句麗古墳の壁画と近似し、かつ独自の要素で輝きを持ち考古学ブームをもたらした。古墳は特別史跡に、極彩色壁画は国民的財産として国宝に指定された。この地は天皇家の陵墓が集中する渡来系氏族の居留地でもある。高麗建郡の年号は語呂合わせで716となる。飛鳥群像の色調を七色の虹に見立てた衣装パレードの発想は見事なものだ。手作りの古代史を市民参加で、国のかたちをつくった祖先の思いに応えた。渡来から未来へ、血と魂の道程を人々は虹の橋を渡って歩き続ける。海を渡った高麗錦が、つやっぽくどきりとする東歌を生んだ。

高麗錦紐解き放けて寝るがへに何どせろとかも
あやに愛しき
（万葉集一四巻三四六五）

（二〇一六年　十月号）

続日本紀 碑文　高麗神社

門

高校生のグループが山門をくぐった。伸びやかな弾んだ声が杉木立を越えて階段の辺りに響く。北鎌倉駅の道を挟んだ真向かいの瑞鹿山の扁額をくぐると山門に着く。「そんな贅沢（ぜいたく）な所へ行くんじゃないよ。禅寺へ留めてもらって、一週間か十日、ただ静かに頭を休めてみるだけのことさ」山門を入ると、左右に大きな杉があって、陰気な空気に触れた時、世の中と寺の中との区別を急に悟った。はじめて風邪（ふうじゃ）を意識する場合に似た一種の寒気を催したと記す。

二十代の夏目漱石が参禅し、小説『門』の後半に登場するモデルとされる鎌倉五山第二位の禅刹（ぜんさつ）・臨済宗円覚寺の山門の表現だ。

天明3年（1783）に再建の二重門は非常に質素で、粽（ちまき）形丸柱で中央に紅梁（はり）、梁行二間桁行三間の素通しである。仁王は鎮座せず楼上に観音・神将・羅漢を祭る。自然体の構えはまさに禅寺の持ち味だ。山門は県重要文化財で、空・無相・無願の三解脱門を象徴し煩悩を取り払い、娑婆（しゃば）世界を断ち切り、清浄な気持ちで参拝するのだ。釣鐘と舎利殿は国宝で、漱石が参禅した塔頭（たっちゅう）の帰源院（きげんいん）は右手階段上の弁天堂の奥になる。境内にある大木のビャクシンは雷が落ちたのか縦に裂け、木肌が剥きだしなのが痛ましいが、丁寧に養生してあるのがいかにも寺らしい。荘厳な釈迦（しゃか）像に合掌、本尊を護る天井画の竜が圧倒する。

日常の作業なのだろう一輪車を引く禅僧に黙礼、山影が映る妙香池の手入れ人に声がけすると老婦の笑顔と明るい返事が返ってきた。静の中の動という感覚だ。一段高く塀に囲まれた佛日庵の門の内に、苔庭と戦前に魯迅（ろじん）が贈ったモクレンやタイサンボクが趣を添え開基廟に香が絶えない。小説『門』が描く主人公は淋しい孤独な人間で、安心と悟りは容易に得られない。それこそが求道者としての漱石の面目なのだろう。木村游は『私の漱石―その魂のありどころ―』（至芸出版社　1987）で、小説と言わずに文学と言ったことに特徴を見いだし、自分の捉えた人生を自分の生き様で証すことで本来の自分に立ち返り、そこに生きる原理を提示し、自分自身に成り切ったとしている。

夏目漱石は没後100年を経た。自然主義にくみせず、近代的個人主義の立場から人間の心理を追求した。人間の生きる根源を求めて命がけで生きてきた己を表現し、魂のありどころをえぐる文学を世に著した。評論家・山崎正和は先取りしたポストモダンだと述べている。

生きる意義を求めて人々は苦悩する。禅宗が修業法の第1とする座禅は、精神を集中し無念無想となることを目指す。人生を娑婆と隔離し迷いを解き放ち、無の境地に誘い込む極限の手法だが過程であり到達点ではない。結界は生き方を問う東洋の精神性の境界としての認識である。東日本大震災で被災した野蒜海岸で、地元の立ち枯れ杉を伐採し、丹色の鳥居を手作りで設置し、初日の出に備えた日本人の持つ東洋心理に共通する精神性を見た思いだ。鳥居は古く神に供えた鶏のとまり木の意という（国語大辞典　小学館）。酉年の年頭に当たり、まさしく門前に立ち心新たに結界を越える気概と勇気を持つことだと考えた。

（二〇一七年　一月号）

円覚寺 参道

文学の力

かつて白ロシアと言い巨大国家ロシアに隣接する小国、ソ連邦が解体し今はベラルーシと呼ぶ。南はウクライナ、北はバルト3国のラトビアとリトアニアに、西はポーランドに接する。あのウクライナのチェルノブイリは国境を隔てた至近距離だ。

1986年爆発が起こり、原発第4号炉の原子炉建屋が崩壊、科学技術がもたらした20世紀最大の事故となり世界中を揺るがした。一〇〇〇万人口の2割以上が汚染地域に住む。その人々の声を丹念な取材で聞き取った、アレクシエービッチ（Alexievich）の『チェルノブイリの祈り』（岩波書店 2015）は人類の未来に語りかける。ジャーナリストらしく民の視点に立って、この時代における苦難と勇気の記念碑とも言える、多声的な叙述にノーベル文学賞が贈られ世界が注目した。それは政治と科学に翻弄（ほんろう）される人々の生き方に焦点を当てている。印象的なのは政治的秘密主義で、体制のご都合主義があまりにもひどい。健康被害が続発して人口が減り続けている。かつてのファシズム侵攻では帰郷できたが、移住を強制されたことで、残れば高度の放射線被曝を受けながら暮らすことになる。兵士や除染労働者に向けられる勲章と引き換えの過酷な労働条件が思いやられる。大気中に放出されたガス揮発性物質は全世界に広がった。長期にわたる低線量放射線の影響の結果、がん疾患、知的障害、神経・精神障害、遺伝的突然変異を持つ患者数が増えているとしている。立ち入り禁止の放射線生態学保護区ではオオカミ、バイソンなど野生生物が増えている。「石棺」と呼ばれる4号炉の鉛と鉄筋コンクリートの内部には、核燃料が残り廃炉のめどが立たないまま30年が経ち森にのみ込まれ、最近シェルターが造られたが廃炉へと向かうのだろうか。読み進むうちに息が苦しくなってくる。

広島・長崎は戦争という条件下であり、福竜丸の死の灰は核実験であり、チェルノブイリは原発平和利用の事故である。25年後の福島原発事故は大震災に伴ったものだが、いずれも人の手によって科学の名の下に作り出され人類に徹底的なダメージを与えた。メディアの情報は選択的だ。そんな折、ノンフィクション作家・眞並恭介の『牛と土』（集英社 ２０１５）に出会った。臨床獣医師の突発的な事故に伴う描写は、作家の力量十分である。思わず表現に自分の身体の動きを重ねてみる。警戒区域には被曝した動物が今も生きている。処分を潜り抜け、解放されたが行き場の無い彼らにいかに対処するか。牛飼いの命あるものを見殺しにできない攻防が渦巻く。野生狂暴化した家畜の処分に真剣に取り組む行政獣医師の姿勢に頭が下がる。

やがて、研究対象としての存在価値や研究成果も見られるようになった。人の手の入らない荒れ果てた農地の草を食いあさり、農地への復元可能な保全価値を持つことが分かってきた。原発事故という共通項を掘り下げた力量が示された。除染が進み「帰ってきたよ」と全村避難が続く飯館村の成人式が、解除に動く原点の郷土で、晴れやかに開かれたニュースに心の復興を見た思いだ。今春の解除は4町村32万人だという。

（二〇一七年　四月号）

ヒツジ群

国宝の魅力

どうやら人の世に権力闘争は付き物だが、日本史年表によると平安末期藤原氏長者の左大臣藤原頼長は、宗商人の劉文冲から「五代史記」や「唐書」などの史書を贈られたので、その返礼に砂金を、さらに法皇に奥州の砂金一六五両を献上したとある。その頃、兄の関白忠通は鳥羽上皇に頼長の異心を奏上した。

やがて皇室内部で崇徳上皇と後白河天皇が、摂関家では藤原頼長と忠通との対立が激化し、平清盛・源義朝らを巻き込んで「保元の乱」が起こった。忠通側は崇徳上皇を白河殿に襲い藤原頼長は傷ついて敗れ奈良で没した。この内乱で皇室・摂関家の内紛に武士が活躍し、武士の政界進出を促すことになった。頼長の日記「台記」によると、藤原家守護神の春日大社へ名刀「金地螺鈿毛抜形太刀（きんじらでんけぬきがたたち）」を奉献したと考えられている。毛抜形は拵（こしらえ）の柄に大きな透かしが空いており、それが古代の毛抜きに似ていることに由来するといわれる。

時代を経て黄金の輝きを保ち続け、昭和35年国宝に指定され神前から取り下げられ文化財として収蔵庫に保存されてきたが、第六十次式年造替本殿遷座の折、現代技法で復元新調して神前にお返しする取り組みが行われた。復元の模様がＮＨＫで放映され注目された。太刀は抜けず、ＣＴスキャンで分析すると一キログラムもの高純度の金が使われていた。沃懸地（いかけじ）、すなわち金粉を沃ぎかける地の太刀の鞘に螺鈿（らでん）技法で表現された「竹林で雀を追う猫」は竹林や猫の斑点には青いガラス、猫や雀の目には琥珀が使用されている。何匹かの猫の表情は明るく、首輪も付けられ竹林で雀と戯れる世界だ。極致の芸術に刻まれた権力者の願いが、衛府武官が用いる黄金の太刀を通して奉納され、そこに斑猫（まだらねこ）が描かれた事実は、平安の癒しの浄土世界に触れ、現代人の心理に共通する思いである。

春日大社は神護景雲2年（７６８）に創建され四柱の神が祭られているが、第二殿の経津主命（ふつぬしのみこと）は神話によると天孫降臨に先立ち、第一殿の武甕槌命と共に葦原の中つ国を平定し、大己貴命を説得してその国を皇孫瓊瓊杵尊に譲らせたとされる刀剣の神である。大社は復元新調して神の元へお返しすることを悲願としてきたが、今回の遷宮に際し厳粛な内に願いがかなった。現代の名工五人の手で三年がかりで製作されたこの刀剣は、千年の時を経て、まばゆい宝剣としてよみがえった。科学の力を借り平安を祈る復元技術の結晶に感銘し、敬意と感謝のうちに神の懐にお返しし、熱い思いを引き継ぎ再び目に触れることはない。猫は公式にキャラクター化され人気者だ。

また、ほぼ同じ頃に国宝『信貴山縁起絵巻』が描かれた。「尼公の巻」に彼女が民家を訪れた際のありのままの民衆生活が描かれ、首布を付けた黒白で鼻先が黒い猫が上がり端に居座るのと、窓下に2匹の犬が来て首輪をした黒い犬を家人の男性が窓から棒で追い払うような動作と、茶色の犬が訪ね人を吠える漫画的な線が見えるが、尾は挙がって自然な共感を誘う絵である。どうやら、この猫の絵は絵画史料で最古だという。神仏に犬や猫が関わり、人の心に安寧の共感を形作っていることに古代人の魂を見た思いだ。

（二〇一七年　七月号）

「入間」の文字が入る古代文字瓦（p. 11参照）

はざがけ

　東京のど真ん中、銀座の植え込みにがっちりした「稲架掛け」がここ数年出現する。薫る実りの秋がなんとオフィス街にやってくる。支柱は丸太を組み合わせ藁縄でしっかり固定されている。三段掛けで見事に熟した穂をつけた稲束が当然ながら逆さに竿をまたいで行儀よく並ぶ。コンバインで脱穀細断せず、天日干しの稲架掛け用に結束したものだ。投げ手と受け取り手の手際よい掛け声が聞こえてきそうだ。鳥よけの案山子代わりに眼を凝らさないと分からない五本のテグスが横に張られ、きめ細かな現場熟練の技をうかがわせる。間違うと人が引っかかってしまう。収穫の秋、NHK連続テレビ小説「ひよっこ」の田んぼの収穫風景を思い出す。農耕の血を引く都会人に土と生活の匂いを運び込んだ。

　コンバインと乾燥施設の普及で機械化省力化が進み、天日に頼る「はざがけ」風景は少なくなった。稲束の運び出しの便宜から畦道の近くに設けられることが多い。一本の棒を立て、周りから傘状にぐるぐる積み重ねて仕上げるもの、あるいは洗濯物の物干し似の姿は、いかにも里山と狭い棚田にぴったりの風情である。繁忙期の田んぼのにぎわいは、生きる糧そのものだ。落葉高木のトネリコ（もくせい科）はアッシュと呼ばれ、材は硬く運動用具やステッキ材として知られているが、新潟市夏井の〝はざ木〟は屏風のような街道を成し、機械化が進むまで天日干しの柱の役割をしっかり担っていたが、今や残った街道風景が観光資源化したそうだ。

　人気の「はざがけ米」に米どころ魚沼産コシヒカリがスキー場のリフトを使って二段二列に整然と天日干しされ、まさに「天空米」と名付け注目されている。秋風に触れ天日に輝く稲穂は、うまみの増した最高の米になることは間違いない。天と地の恵みを満身に受けた神からの授かりものだ。稲架はまさに季語の代表である。
脱穀後の藁は、飼肥料や敷料あるいは民芸具の貴重な素材になる。農家の冬場仕事で生活を支える。藁縄や草鞋は立派な民芸品だ。鳥居の大注連縄は、神前に不浄なものの侵入を禁ずる印として張るが、藁を適度に湿してすぐり、砧でたたいてしなやかに手で綯いやすくする。特に鳥居のそれは、かなり個性的なのが多く土地柄を物語るものだ。今や合成繊維物も出てきたが、稲藁豊富に大勢の力を集めて造られる。

都心から転入のＩＴ仕事の若者に声がけしたところ、喜々として注連縄作りに汗を流して頂いた。手を動かしながら語ってくれた。品川生まれで銀座に通うが神社に関わったのは初めてだそうだ。手を出そうにも出せなかったと。三人がかりで呼吸を合わせて三本を一本に綯いあげ、多くの氏子の手を経て鳥居に取付け奉納する。「田園回帰」が政策用語として登場したが、その民俗版というところか。仲間入りした若者の顔は明るく、当たり前のように声が弾む。風土色満杯の秋祭りの季節がやってきた。食農を守る感謝と決意の季節だが、国内自給率は38パーセントに低下し、温暖化の影響でイネの耐熱品種の推進中だ。今年の高温とゲリラ豪雨は災害に結びついた。どうやら天候不順と自由化偏重のつけが表面化したようだ。

（二〇一七年　十月号）

お迎えヤギ

天守閣

郷土の歴史的シンボルとしての「天守閣」は国内に一体いくつあるのか。城の本丸にひときわ高く築いた構築物で、戦後の復興期以降、シンボルとしてあちこちに建てられたものも含めてどうやら80位のようだ。地域の看板的存在として、どこでも住民の意気込みが感じられる。おらが町のおらが城だ。建築当初は、戦闘における指令の中枢であったが、関が原の戦後は、権威の象徴として機能した。今や城跡は公園化されて多角的に機能する。明治維新で封建体制の物証としての城は、どんどん解体され当時40残されたが、現在江戸時代から残っているものは12基となり、当然ながら決まって木造である。

代表的な白鷺城の別名を持つ世界遺産の姫路城は、貞和2年（1346）に赤松貞範が築城したのに始まり、池田輝政が完成した。また、松山城は加藤嘉明によって築城着手されたが、天守閣が雷火で焼失、安政元年（1854）に再建された。松本・犬山・彦根・姫路・松江の五城は国宝に、他の七城は重要文化財に指定され、固有の歴史を刻みながら今に息づいている。

天守閣の多くは、鉄筋コンクリート（RC）造りの復興天守や模擬天守が多く、そろそろ寿命を考える時がやって来たことだ。かつて関東を支配した小田原城は、先般復興補強工事を終えてリニューアルオープンし人気を博している。天守閣は石垣で築かれた天守台の上に建ち、多重多層で瓦葺とするのが基本である。先般の熊本地震で石垣が崩れ、あわや倒壊かと気をもませた銀杏の大木で有名な熊本城の天守閣は、西南戦争で西郷軍に攻められ炎上した外観が、昭和36年（1961）にRC工法で造られた復興天守だ。巨大地震に耐えた角石垣の堅固さは古い匠技を見せ付け、人々に力強い感銘を与えた。地盤が軟らかく扇形に積み上げたこれほど石垣の発達した城は、日本独特の景観を呈し他に例を見ない。構造上水はけもよく崩れにくい構造だ。

　木曽川は、長野県の中部、鉢盛山に発源し長野・岐阜・愛知・三重の四県を流れ、王滝川・飛騨川などの支流を合し伊勢湾に注ぐ長さ227キロメートルの大河である。

　この中流に位置し白帝城の異名を持つ「犬山城」は、木曽川沿いの小高い山の上に建つ後堅固（うしろけんご）の城で、天文6年（1537）織田信康により移築された現存最古の建築である。交易、政治、経済の要衝であり攻防の要となった。天守閣の美しさは、荻生徂徠が李白の「朝辞白帝彩雲間」の七言律詩を引用し、「白帝城」とたたえたほどで、崖下に「名勝木曽川」の碑が立っている。歩くとぎしぎし鳴る廻縁高欄の天守閣の望楼からは濃尾平野が一望でき、雄大な木曽川の向こう側は岐阜県になる。まさに絶景だ。

　また、朝霧にそびえる「越前大野城」は、幻の天空の城として名高い。石垣は野面積みで粗雑に見えるが大変堅固で、雲海に包まれると復興天守閣が浮かんで見える。時期・時間・気象の出現条件も開示、放射冷却現象のようだ。また、「備中松山城」や「竹田城跡」も天空の城となることで知られる。

　どの城も生活に根付き手厚い愛着と誇りと自信のなかで守られている。まさに、郷土愛のお手本なのだ。登閣の眺望はまさに醍醐味そのものである。

（二〇一八年　一月号）

屋敷裏竹林に出没のニホンカモシカ

ニホンオオカミ

獣害対策あの手この手の昨今、天敵頂点に立つオオカミへの助っ人願望がついに「スーパーモンスターウルフ」やタカの旋回で野鳥を威嚇する「かかしロボット」を誕生させた。

前者は太陽光発電でバッテリー駆動し、動物を感知すると、首を振り、目はオレンジ色に光り、オオカミの声や銃声、犬の鳴き声、人の声など大きな音が流れてくる。後者は果樹園の「番鳥」として威力を発揮する。どちらも近代化された案山子のロボットだ。害獣対策にはオオカミを、害鳥対策にはタカをモデルにしている。天敵ロボットの登場だ。

農作物や山林の被害が数値化されるとともに、人口減少に見舞われる農山村の過疎化は急ピッチで進行し、生活環境の悪化は地場産業に陰を落としている。結果、棄てられ所有者不明土地が増加し、大量相続時代の国家的課題として提起されている。

アライグマやハクビシンが都市にも侵略的に侵入し、環境に適合してわが物顔で生息している。かつて佐久間勇次日大名誉教授は、生態保全の必要性と農林業被害を避け食料自給率の向上のため、天敵としてのオオカミの導入を唱えた。アメリカの事例をあげて、雄だけをワクチン接種と去勢をして導入しようとするものである。(「武蔵野ペン」138号)当時は笑い話であったが、ついにロボットが出現したのだ。

天敵不在の結果、猟師の猟銃と箱罠(はこわな)や括(くく)りが行われているが、猟銃免許者は確実に高齢化し、厳しい山追いの現実がある。イノシシ、シカ、クマ、サル、カモシカ、アナグマ、タヌキ、キツネ、ノウサギと生活圏に侵入のアライグマやハクビシン、地域によっては逃亡動物と、その対応の仕方もさまざまである。鳥獣の過剰分布が引き起こす有害問題は、産業被害にとどまらず感染症からの安全性も十分に検討されなければならない。

ニホンオオカミは明治38年（１９０５）に奈良県の東吉野村での捕獲を最後に、その後の生息が確認されず、やや大型のエゾオオカミも明治半ばに絶滅したとされている。ニホンオオカミの若い雄の遺体は、イギリスから派遣の東亜動物学探検隊員によって買い取られ、今も大英自然史博物館に丁重に標本保存されている。東吉野村は昭和63年（１９８８）ブロンズで「ニホンオオカミの像」を建立した。現存する国内３体の剥製は年月の経過を感じさせるが、この等身大のブロンズ像の天に向かって台高の山野を遠吠えする若い雄オオカミの雄姿は、口先がとがり耳は立ち、肢は長く尾は垂れ軽快な痩せ型である。まさに往時の魂を呼び起こす容姿で刻まれ、文化史を彩る遺産として関心を呼んでいる。オオカミの立派な夢の手作り絵本も公募出版され好評だ。

　また、秩父多摩地方では神様の眷属として祭られ、お犬様のお札やお祓いもある。戌年の本年は、イヌの首輪にお守りをつける向きも多そうだ。東京都瑞穂町の郷土史館にも立派なオオカミ像が往古の姿を見せた（50頁写真7）。踏切事故の防止に「シカ踏切」を設置した関西の私鉄路線は、コジカがひかれて母シカが40分も離れなかった悲惨な現場を見た職員の発案によるそうだ。ロボットによる天敵再現が侵入防止を図るか、鉄道や高速道の動物を守る専用通路の愛護の取り組みとともに知恵の出しどころである。

（二〇一八年　四月号）

猫舎

カルチャーギャップ

「四、五十人ほどの者がおり、一人の者が立っては、大音声にののしり、手真似をし、狂人のごとし。何か言い終わってまた一人立つ。その様、わが日本橋の魚市場のごとし」　日本人がはじめて見た米国議会の描写だ。

　日米修好通商条約批准書交換のため起用され、幕府の命を受けて遣米使となった外国奉行副使・村垣淡路守範正が綴った『遣米使日記』（国会図書館デジタルライブラリー）は、カルチャーギャップと言われるが実に興味深い。開国を迫られ大政奉還に打って出る6年前の安政7年（1860）1月18日に乗船22日船出し、8ヶ月をかけて地球を一周した武士官僚の日記である。

　品川からポーハタン号へ総勢77名が乗船し、日本の咸臨丸（艦長・勝麟太郎）が伴走した。船酔いと水不足に苦しみながら2月14日にハワイに着く。土着人女性は色が黒く髪を巻きつけてまるで鬼のようで、カメハメハ四世王妃エンマは薄物と首飾りで生きた阿弥陀仏に見え、歓迎の娘のピアノの弾き語りが犬の吠え方に聞こえた。ハワイを3月11日に出発して48日目にサンフランシスコ上陸、歓迎の祝宴がまるで鳶人足の酒盛りのようににぎやかであった。パナマから蒸気機関車でアスワンヒルに、軍艦でワシントンに出て群集の歓迎を受け、まるで江戸のお祭りのように思えた。大統領ブキャナンに面会、役職により狩衣・布衣・素袍着用で臨み通訳は正装した。群集が珍しそうに見るので皇国の威を輝かせた気がして誇り顔になった。大統領への贈呈品は、太刀・蒔絵の馬具・掛け軸・屏風・緞子で博物館所蔵になるそうだ。接待のダンスは男女が組んでコマネズミのように回るだけで風情がなくあきれるばかりで、女子の眼の色がかわり髪の赤いのは犬のようで興ざめだ。歴代大統領の胸像が並びまるで日本の刑場のように思えた。ペリー提督宅を訪問したが、女性上位で、主人はまるで下男のようだった。

帰路はナイアガラ号で5月13日出港、アフリカでアメリカ船が黒人６００人を買い求めていた。釈迦は黒人の酋長なのだろうか。袈裟を着、椰子を椀とするのを見て托鉢に用いること笑うに堪えない。７月11日希望峰を越える。ジャワ、香港を経て９月27日江戸へ到着した。元号は万延になっていた。一年が一日増えたのは一生の得。12月１日格別の骨折りとして５百石の功労加増で、天領の武州上谷ヶ貫村を知行したが、この頃村の鎮守本殿が三方彫刻造りで再建されている。その後、日普修好通商条約締結に当たり、全権として調印に臨んだ。

アメリカ各地で熱狂的な歓迎歓待を受け、沈着冷静に日本人が見た世界を地味に比較考察し、実に分かりやすい微笑ましい価値観で捉えた。間もなく幕府は政権を譲ったが、短歌や算盤を織り交ぜながら高い教養の武士道があり、世界を見ていたことは日本の誇りとし、大いに評価したい。また、『万延元年遣米使節図録』（国会図書館デジタルライブラリー　田中一貞編）とあわせると興味深く理解しやすい。日本の個性的な武士道文化が輝いている。今年は、くしくも明治１５０年である。

ましら（猿）まで 姿ことなる異国に
かわらぬものは夕月の影　（村垣淡路守日記１８６０）

（二〇一八年　七月号）

ミニブタグループ

農民文学

「ホウ、ホウ、ヒィー、ヒィー、ヒロロロロ、ヒロロロロ、クルルルル、クルルルル、キチ、キチキチキチッ、リーッ、リーッ」純文学転向にお墨付きの野間文芸賞を受賞し、新境地を開いた高村薫『土の記』（新潮社 2016）の奈良県大宇陀で聞く身近な山間の声だ。

山のコノハズクやトラツグミ、水辺のシュレーゲルアオガエルやアカガエルたち、さらには杉木立のなかのエゾツユムシやクチキコオロギの声が夜を押し包む。山間部の気候や自然、生き物たちの鳴き声や霊の気配まで濃密濃厚に描写される。まさに高村流だ。交通事故で寝たきりの妻を介護しながら、棚田を守る農民の心理を、老いの孤独生活と絡ませて力量十分に描く。科学用語が密着して裏打ちされ、イネの分蘖（ぶんけつ）と栽培管理をうなずきながら読み進む。お祭りや人足（にんそく）後に酒を飲み交わす山間集落の息づきが伝わってくる。神話時代の神武東征を誇らしく語る長老の居る集落だ。緑したたる田園で旧家を守り、認知症を気遣いながら老いてゆく男のラストの数瞬が目を奪う。

長塚節（たかし）『土』（新潮社 1945）の再来を思い出す。農民文学の先駆けとして朝日新聞に連載され、百姓生活の獣類に接近した部分を精細に直叙した苦しい読みものだ、と夏目漱石が序文で述べている。異なる時代を人間の生き様や本性を捉えながら物語が展開し、社会の制度や習俗に振り回され、時代に必死に生きる農民の姿に吸い込まれる。教科書にも採用されたが、小作貧農の写実は見事で、涙を滲ませながら読んだものだ。主人公堪次の「毎日必ず唐鍬を担いで出た……次の朝彼は未明に鍛冶へ走った」。人力に頼る開墾の苦労が戦後の食糧難時代のそれと比べてそれほど差の無いことを知った。

中央公論で発表された農村・漁村・山村問題の共同研究書『貧しさからの解放』（中央公論社 1953）

の農業経済学の権威近藤康男・東大名誉教授は三世紀を生き（1899~2005）、東大農学資料館に功績が展示された。三十四人の専門家が戦後日本の貧しさを訴えるだけではなく、貧しさを生み出し再生産する経済的メカニズムを明らかにしようとした。意識・観念・宗教の上部構造にも迫っている。戦後の農村は、食糧難に対処しながら多くの余剰人口を吸収し、二三男・娘対策は農地拡大の開墾作業と、やがて出稼ぎや集団就職に見る都市労働力へと流出吸収された。農地改革や供出割り当てと国家権力に振り回され、ついに米の減反政策に追い込まれる。

　やがて東京オリンピック（1964）を成功させ、資本主義経済の発展と労働運動の対極が深化する。『土の記』は、大卒の離婚した娘母子が故郷を棄てて渡米し、生活は安心だからと米国人のペット獣医師と再婚する。あいさつに見えた娘たちを集落こぞって迎え歓迎会を開いた。国際化時代で継ぐものの居なくなった家も人も、あの豪雨によって一気に押し流され壊滅へと追い込まれた。文学が描く世界は、非情な場面をえぐり取るが、鯰（なまず）を飼いながら犬をお供に老いに立ち向かい、稲作技術を改良し、だまされないように日常を懸命に生き、妻の死後思い立って手ごろな自然石に自分の手で戒名を刻み込み、稲木で三本足を組み立てチェーンブロックで墓地に据え付ける執念は凄まじい。「独り暮らしの老人」時代の厳しさをリアルに活写する技を見せてもらった。

（二〇一八年　十月号）

トラツグミ

祈りの島

九州に新たに潜伏関連世界遺産が追加された。カトリック信者の作家遠藤周作は、日本のキリスト教受容を追求し、同伴者イエスという独自の認識を展開した。代表作『沈黙』から長崎県外海(そとめ)町の海を臨む眺望豊かな丘に記念碑が建てられ、キリシタン禁制の苦難が濃縮されている。映画化され、踏み絵と目を覆いたくなる拷問で「転び」を迫る。キリスト教が伝来、禁教令からやがて鎖国となり弾圧は強化された。信徒発見一五〇周年は、新観光百選の地に記念碑が建った。

「今、牛が何頭見えましたか?」「この木はザボンと言います。実が落ちるとどんな音がするでしょう?」島の丘や海辺を巡る車窓会話だ。こんな問い掛けがぽんぽん飛び出す五島列島福江島のオバサンガイドだ。JAのお客さんは、牛の数を1・2・3・4……と丁寧に数えたとその真面目さを披露し、ザボンの実の落ちる音はドスンだと答えたそうだ。ガイドさん曰く、「牛は5頭で、実の落ちる音はザボン」だと。ギャグに気付いて思わず拍手。「キリスト教関連遺産」として注目の列島を訪問時の話だ。

漁師の娘だと自信満々に機敏さと骨太の力自慢を見せてくれた。親に感謝していますと楽しみながら打ち込む。島へUターンし、鍛えた巧みな話術で客を引き付ける。さすがに大阪仕込みのおしゃべりは尽きない。産業の構造や生活の利便性から島の人口は流出し以前の半分になったと。過疎地の窮状は見るに耐えない。耕作放棄地と山林の管理不足で獣害も深刻だ。島の牛乳は濃厚でとても美味しいからと飲んで確かめ、肉は黒毛和種で野草をたっぷり与えるので自然の恵み十分ですと付け加えた。地場産の食材は、しっかりメニューに書き込み、宿では五島うどんと一緒に「この卵は初産です」と小ぶりの赤玉が出されるおもてなしが素晴らしい。

陸と海の十字路、中通島の日の出と入りは見事だ。

東京からIターンの男性ガイドさん、自分から愛称を披露し一生懸命地域に溶け込む熱意の塊だ。海上タクシーで若松島の断崖キリシタン洞窟を経て、久賀島の五輪教会を訪ねた。二世帯四人の信者が守っていた。船が着くのを待ちわびたように迎えの女性が顔を見せた。往時は缶詰工場で大いににぎわったとか。奈留島の誰も居ない校庭に立派な廃校記念碑が建っていた。明治の学制発布にあわせた開校日が刻んであった。その脇に俺たちはここで学び育ったのだと自己主張する新しい碑は目立つ存在だ。

五島列島はかつて大陸に先進文化を求めた遣唐使船が立ち寄り、近世はキリシタンが迫害を逃れて潜んだ地だ。貴重な教会の数は多い。一四〇余島あり、人が住むのは一八だと聞かされた。福井の東尋坊（とうじんぼう）と並ぶ大瀬崎断崖の灯台は、しっかり東シナ海を見守っている。教会を軸に据えた信仰の地であり、踏み絵の苦難に耐えた人々の熱い信仰心が宿った神聖な場所だ。自然エネルギー豊かなエコの島が、島人の苦難の歴史に耐えた確かな祈りの島であることを忘れてはなるまい。世界遺産への登録が、信仰に基づく評価であり、深いところにある心の在り方に通ずるからだ。

（二〇一九年　一月号）

チョウゲンボウ

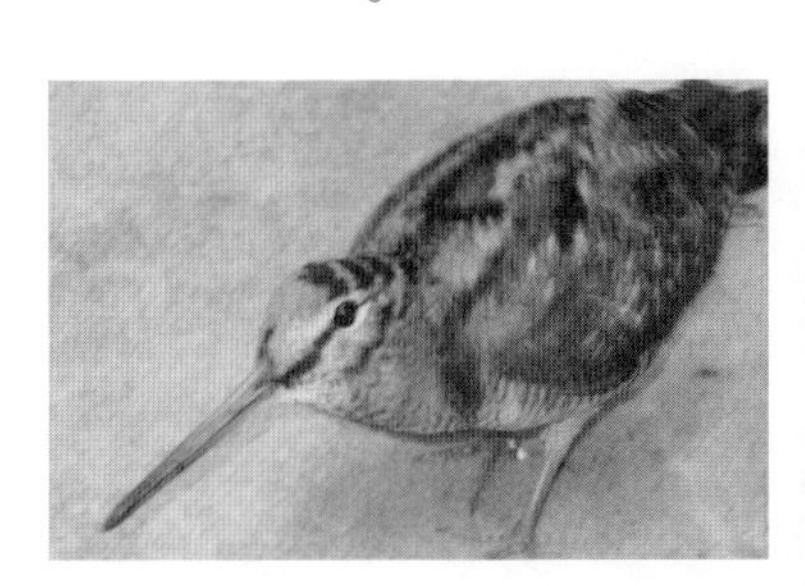
ヤマシギ

里の鳥たち

ゴイサギの幼鳥

負動産時代

所有者不明の土地面積が、九州に匹敵するという。当然ながら登記には登録料が付加され資産価値を超えてしまうものもある。相続人が自ら登記所へ赴く場合もあるが、多くは専門家の手を経て行われ、あわせて相続税申告が要件にあわせて相続人から為される。また、当然ながら資産を保有すれば固定資産税が課税される。所有者不明土地は相続登記をせず、名義人の住所が変わって連絡がつかない土地を定義している。最近の報道によると土地の区画筆数で20・3パーセント、宅地が14パーセント、農地が18・5パーセント、林地が25・7パーセントの驚くべき数字だ。

人口の減少は生産意欲を減退させ、資産価値を下げてしまう。宅地の場合、故郷の廃家どころではない。都市部における高評価の相続争いや、相続放棄の発生もある。治産能力に問題を持つ所有者は、後見人の設定が求められるが、しっかりした対応がないと裁判所の裁定もおぼつかない。

相続登記には、法律上のきめられた期限は無い。また、登記しないことによる罰金も無い。しかし、登記をしないでおくと、相続人の数が増え相続人間の争いを招きやすくなる。農地は数年前から、耕作放棄地を無くし生産効率を上げやすいように、集積が政策化されているが、その阻害要因として相続未登記農地がある。調査で全農地の2割に及ぶそうだ。所有者不明農地の利用権設定も手続き上容易ではない。農水省は、ここで相続人探索を簡素化し、利用権の上限を20年に改正する検討に入るという。

社会資本を整備するには、土地や建物の所有者の同意がなければならない。その出発点のところでつまずいて前に進めない。評価額の低い中山間地域での所有権登記は、宅地のそれよりはるかに多い。問題点は、高齢化と過疎化の進展で相続関係が複雑化してしっかりした所有者が存在しないことだ。結果的には耕作放棄を生んでしまう。また、固定資産税の課税逃れとなり、税負担の公平性にひびをいれてしまう。

登記所は、登記があると一〇日以内に市町村長に通知し固定資産課税台帳に反映する。所有者死亡から長期間経過した死亡者課税が顕在化して、二次相続や住民票削除で関係調査の困難化、調査協力拒否や納付意欲減退による納付困難や複雑化が進んでいる。相続財産管理人制度もあるが費用対効果を判定して、家庭裁判所に対し相続財産管理人の選任の申し立てを判断する。行政において土地所有者の生死を正確に判断することが困難になっている現状があるとしている。

わが国では、不動産登記のうち権利の登記は、対抗要件を備えるための手段として、これを行うか否かが当事者の任意とされている。しかし、表示の登記とともに適正な課税の実施に必要であり、明らかに高い公益性を有し、地方創生は社会資本の充実に重要で喫緊の課題である。一方負動産時代に少子高齢化が拍車をかけ、外国資本への所有権移転が発生する現実から、ドイツ式に土地を棄てられる検討が始まったのも選択肢のひとつだろう。所有者不明土地問題への対応の議論で、相続登記の義務化と所有権放棄制度の検討が始まり、前向きに法務省へ提言されたそうだ。ようやくにして、もっともな話だ。

（二〇一九年　四月号）

動物慰霊祭（狭山保健所）

たてば

高度経済成長に合わせて自動車の急速な普及発達は、路面電車をいかにも邪魔で渋滞と事故の要因だとした。時には線路に車の足を取られてハンドル操作がうまくいかず電車を立ち往生させた。それではと、線路をなくしてトロリーバスが誕生した。路面の上空は電線や架線が右往左往するほどに張り巡らされ、まさに都市景観無視で所狭しと、より実務が先行した。バスへの転換が最も近道であった。交通渋滞はいかにも都市社会の大問題となった。高度成長時代のまさに動く住宅は、生活必需品となり駐車場スペースをいかに作り出すかに知恵を絞った。役所や警察に交通安全担当部署が、消防に救急制度が組まれ交通安全教室は地域や学校行事として生活上必修のものとなった。地下をクモの巣のように走り抜ける地下鉄は、エスカレーターで乗車も楽になったがどこか不気味な地下の乗り物で踏切が無いのが魅力だが、外を眺める楽しみが無い。

さて、街道沿いに「たてば」と言う用語が残る。明解古語辞典によると、「立て場　街道でかごかきなどがつえを立てて休息する所」とあり、広辞苑は「馬などの交代もした。明治以降は人力車や馬車などの発着所、または休憩所」と追加している。明治の頃、テトテトとラッパを吹きながら鉄道馬車が走っていたという。古老の話で立て場が駅だったそうだ。地図で走行距離を測るとやはり馬車を引く馬の休息が必要だ。馬車の交換場所で道幅も広い。本格的な鉄道やバス路線が普及するまでの手段であった。

地方都市へ出かけると路面電車に乗るのを楽しみにしている。色鮮やかな移動看板に注目する。また、富山市では快適な次世代型路面電車（ＬＲＴ）ライトクレーンが配備され、乗車するとなにか得をしたようでうれしくなった。すっきりした色合いの窓の大きな床の低い二両連結車は、通勤通学だけでなく高齢者の足としての位置づけは大きい。地方都市での普及は急速に広がり、世界的な導入傾向が中心街の復活だと期待される。料金支払いもカード式で簡便化した。横浜市の長後（ちょうご）街道と鎌倉街道の交差点を走る地下鉄に立場（たてば）駅がある。かつて駕籠（かご）かきや馬方が一息入れた場所が駅名として残された？と思うとうれしい。

アリの行列は子どもの頃から見慣れているが、加減速が整然としており渋滞しにくい。渋滞学の英単語 Jammology を生み出した西成活裕東大教授は、過密国の問題解決に積極的だ。自動車をはじめ、レジ、トイレなど日常の渋滞は日本人なら経験済みだ。集まれば渋滞は起きやすい。本能的に草食動物やイヌのように群れるものと、ネコやクマのように群れを作らないのは適応的視点だそうだ。入り口に邪魔物を置くと渋滞しないシミュレーションを見たが現場で実際に見かけたことはない。日本の社会は整然と訓練化された列を作る。まさに成熟社会の美学だ。ここに来て、万全を図ったはずの新交通システムの無人電車の逆走は、想定外のこととか、一刻も早く原因が明らかになることを祈るばかりだ。

（二〇一九年　七月号）

地元の高校生が描いた油絵

老残の歌

幾百の　黒毛和牛に　声かけて
　廻るたのしさ　明日も来るよと
　　　　　　　　　　　　　愚老の戯言

今朝もまた　黒毛和牛が　出迎えて
　　声に出さねど　今生の友
　　　　　　　　　　　　　老残

首都圏の新興住宅が立ち並び始めた国道バイパス脇の牧場入り口に置かれた「関係者以外立ち入り禁止」の老残さん手作りの看板に添えられた歌だ。牧場名と一緒にエリート牛の合宿所と記してある。健康づくりで余暇時間に自転車でゆっくりめぐりを始めたのだろう、偶然にも隣町の都市化地域で牛の牧場を見つけた。なんと沢山の牛がいるではないか。

老残さんはヘルメットをちゃんとかぶり、東京側の隣町から自転車でやってくる。牧場入り口は、東京を往来する国道バイパスで自動車の通行量は極めて多く、よほど気をつけないと車道の通行は危なくてしょうがない。歩道が比較的広く上り坂は自転車を押した方が楽だ。かなり前に定年を過ぎたのか、今はまったく自由の身のようだ。傘寿を迎えるだろう年齢にめげず、今日も愛用の自転車にまたがって、えっちらおっちら漕いでくる。牧場主と年齢も近く家族とも気さくに会話して牛を眺めて帰るという。

パドックで群れる牛も静かに穏やかな目を向けて朝餌の後の反芻時間だ。やって来たいつもの老残さんをじっと見ている。座っているのも立ち上がる気配はない。全くの自然体で反芻しながら顔を向けている。喉の奥で牛が向けた顔を見ながら声にならない「おはよう」を言う。牛たちも鳴かない。牛に魅せられた時間がうれしい。まるで竹馬の友に逢いながら悠々と過ぎる時間を楽しむようだ。出身がどこなのかも知らない。きっと眼をつぶると懐かしい風景や匂いが漂ってくる故郷があるに違いない。牛小屋を宿舎と表現し、飼われる頭数を幾百と歌いこんで、現代化した鉄骨牛舎の姿に忠実だ。忙しい牧場の機械の音や牛の鳴き声も読み込まれていない。朝餌を食べた後ののんびりした牛の満足げな雰囲気が絶妙である。時には群れながら近くに寄ってくるのもいる。作者はこの時間が最も至福で好きなのだ。和歌の旋律で詠んでいるが、どことなく万葉調？五行歌？の風情を感じませんか。

飼養衛生管理基準なるものができて管理区域を示す看板が必要になり、「立ち入り禁止」の無粋な看板が目立ち始めた。もちろん必要なことは十分承知しているが、老残さんの牛との接点が、歌に読み込むほどの生きがいを生み出したことに共感を覚えたのだ。余生を楽しむあり方に牧場現場がこんな形で取り込まれたことは、都市近郊畜産にとってとてもうれしいことだ。

もちろんこの牧場は近隣の模範的存在であり、学校からの写生や視察を受け入れるまさに生きた標本で、その生産品の品質は高く評価されている。衛生管理も充分な都市型牧場である。牛に魅せられた老残さんの生きがいに共鳴する方もきっと多いことだろう。そこに近づく体力と知力を蓄えたいものだと考えた。

（二〇一九年　十月号）

樹齢300年のスタジイ御神木（八幡神社）

縄文の魅力

ワクワクしながら雨上がりの台地の畑の畦を歩く。大雨の後はすがすがしく眼が届き易い。表土が流出して遺跡片が露出するのだ。近くに旧石器や縄文遺跡がある。土器片や石器に出会う。もちろん焼け石も出る。鍬による耕作の時代と違って大型トラクターが用いられると、遺跡片はどうしても破砕されて小さくなる。拾い集めて水に浸し、きれいに洗って眺めると縄文人が使っていただろう姿が眼に浮かんでくる。感性を持って縄文の芸術品としての捕らえ方に魅力を感じる人は多い。破片で発見される文様は、持ちやすく心地よくフィットする。どんな人が型付けをしたのだろう。縄文の文様の何と豊かなことか。

開発行為の場所が指定箇所だと予備調査が組まれる。ユンボが投入され、試験掘削が静かに丁寧に行われる。発掘対象物の存在の有無が確認され、対象物が出ると本格的な発掘が義務付けされる。道路や建築物建設では思いがけない事例にも遭遇する。各地の郷土歴史館には地域先住民の遺物が大切に保管展示されている。訪ね歩くと、石器とともに修復復元された見事な文様が浮き出た縄文容器が多い。手からすべり落ちないように文様を幾何学的に刻み込み、まるでスリップ止めがしてあるようだ。

縄文時代は1万年以上の年月を自然と共生した時代だ。最近発見され国指定となった青森県の大平山元（おおひらやまもと）遺跡（いせき）の時代は、炭素年代測定で1万６５００年前の縄文草創期のものだと分かった。四大文明の一つは中国だとされ、日本はその恩恵下にあったと思われるが、これに匹敵しそうだ。まだまだ未解明なことが多い。

縄文時代でその美を誇るものはなんといっても火焔型土器や土偶である。発掘量の多い約5千年前の縄文中期の遺跡は、川が近くを流れるやや小高いところが多い。日当たりと見通しが良く、排水が良く水に不便でないところが選ばれている。多くの地点で発見される加曾利式や勝坂式の土器は、縄文中期を代表するものである。

　縄文の語源は、モースが名付けたCord marked pottery の縄紋に発し、紋が文になったと言う。縄目の模様を巧みに構成した火焔型土器の低温焼成技法は眼を見張るものであり、文様に秘められた対象はいったい何なのか、あの岡本太郎を驚かせたそうだ。釣手が水陸を往来するヘビのとぐろまきやイノシシやカエル、ニワトリを象形化しているようだ。火焔型は多雪地帯に符号するという。まさに炎の造形美だ。土器学習は地域の歴史体験教室として定着したところも多く、見事な土器作品が展示される。まさに「火の子宮」から生み出される炎の芸術が燃える心を育んでいる。古代人が燃える火に心を燃やした瞬間と共通のものだろう。土偶もまた、縄文のビーナスに代表される女性の成熟体型を誇張したものから、仮面で顔を隠したもの、合掌する祈りの土偶まで神秘の美だ。

「縄文人の動物観」（設楽博巳『人と動物の日本史1』吉川弘文館２００８）は、アニミズムanimismの観念によって最も良く理解できるとし、動物は再生観の象徴として位置している。狩猟文土器や動物型土製品も豊猟を祈る狩猟儀礼のために用いられたとし、狩猟文化の多様で複雑化したものであったことをうかがわせ、高度化した複雑な狩猟民文化としての性格を帯びていたからだとしている。

　35万人を動員した上野の縄文展は、原点を求めた人々に、感性豊かに生まれた縄文芸術の今につながる熱血を再び沸かせてくれた。愛犬家が犬連れで参拝する東京の犬の神様・武蔵御嶽神社へ、縄文作家から「縄文阿吽大口真神像」が奉納され、大地と野生・土と炎の躍動を感じさせると評判である。感じよう！令和最初の輝く新年に「今を生きる」魂を！


（二〇二〇年　一月号）

大銀杏

一〇年前のこと、鎌倉の鶴岡八幡宮のご神木「大銀杏」が、台風並みの強風と水分の多い雪に耐えられず、ついに倒壊したというニュースが駆け巡った。

寿命を迎えたかに思われたが、切断して幹の根を殺菌処理して植え直し根付くのを目指すというものだった。さらに、残っている土中の根から新芽の発芽処理をするとのこと、朱塗りの柵を注連縄（しめなわ）で囲い、再生の祈りを捧げながらの努力の甲斐あって、根元からの「ひこばえ」の成長と幹からの発芽が順調で、秋には色づきの情報もあった。長寿と縁起の良い木で誰もが再生を願っているが、それにしても推定千年の寿命を繋いだと言う。高さ30メートル・幹周り7メートルもあり、中は空洞になっている神ノ木の存在は、伝説を伝えるに十分である。

権力闘争に明け暮れた源氏ゆかりの地のシンボルである。修学旅行のメッカで、銀杏の大樹の脇の階段に並んだ記念写真を思い出す方も多いはずだ。身内をも犠牲にして権力を維持した源頼朝の謀殺とその子源実朝の暗殺の歴史伝説は悲しいものだ。

埼玉県狭山市の国道16号線の入間川沿いに木曽清水冠者義高を祭った清水八幡宮（元歴元年・１１８４創建）がある。木曽義仲の長男で人質として頼朝と北条政子の長女・大姫の婿という名目で鎌倉へ下った。父の義仲は京を治めることに失敗、義高も追討の身となり、女房姿で馬の蹄に綿を巻いて音を伏せて鎌倉を脱出したが、武州入間川の辺で頼朝の追討軍に討たれた。妻の大姫は悲嘆にくれ病床に伏し、日を追ってやつれた。母政子は頼朝に迫り、討ち取った郎党を晒し首（さらくび）にした。しかし、大姫は夫義高を偲んで十余年も床に伏したまま政子を悲しませた。政子は追善供養や読経、各寺院への祈祷などあらゆる手を尽くしたが効果はなかった。狭山市八幡神社の別当・成円寺（じょうえんじ）の銀杏は、北条政子がかかわった苗が成長して巨木になったと伝えられる。

　寺は明治の神仏分離で廃寺になったが銀杏は残り、樹高25メートル、目通り幹囲5・3メートル（環境省巨木・巨林データベース2000フォローアップ調査）に成長した。狭山市駅前の開発で移転を迫られていたが、あまりにも大樹過ぎて引き取り手が見つからなかった。幹は人が入れる空洞をなし、戦後の混乱期に洞内で火を燃やしたといわれ、煤けた痕跡が明らかで、移植に強いと言いながらも樹勢への影響を考えると予断を許さないように思われた。しかし、開発による伐採を惜しんだ八幡神社に縁の篤志家が専門家と相談、2014年の再開発の折に移植に可能な仕立てを用意周到に行い、根回りを掘削して菰で包んだ。クレーン車で2キロ以上離れた移転先へ慎重に搬送した。移植後は根元を堅固に保護し、発根を見守った。根幹の中央部から空洞を通して空が見え、5年後には枝葉が立派に付いて回復した。

　秋は見事に黄葉し落ち葉が一面を敷き詰めた。幹は乳を垂れるが銀杏（ぎんなん）は付けないようだ。幼稚園児の格好の遊び場として歓声に囲まれながら、馬・山羊・羊の開放的な飼育環境に良く適応して保全されている。見事な移植技術とそれを実現した篤志家の温かい思いは、鎌倉悲劇の伝承をなごませ、今を強く生きることを教えているようだ。


（二〇二〇年　一月号）

獣魂碑（左）と風化した馬頭観音石像（所沢市・p. 26参照）

危機管理

　武漢がコロナ封鎖で困難を極めている頃、日本からの支援物資の宛名票の欄外に「山川異域　風月同天」の漢詩が添えられ大きく反響を呼んだ。「山と川は違っても、同じ風が吹いて同じ月を見る。」遣唐使の時代、天武天皇の孫・長屋王が鑑真和上に献納の袈裟に縫い付け、困難を乗り越え来日を決意させた（唐大和上東征伝）という。あわせて東京タワーも特別レッドライトアップに、スカイツリーも世界が一丸となってみんなで打ち克とうと、地球をイメージして青色の特別ライティングに輝いた。過去と現代が苦悩を共有して心が繋がった光の連携だ。また、ブルーインパルスが初夏の都心上空を医療従事者へ感謝の6本の白線アクロバット飛行を、その後全国で祈りの花火が人々を笑顔にした。

　ＷＨＯがパンデミックと認めた新型コロナウイルス（ＣＯＶＩＤ－19）は、東京オリンピックの延期や世界の経済と日常生活を混乱させながら、人類へ猛攻撃を仕掛けている。朝日新聞「天声人語」欄に、ウイルスに詳しい日本獣医生命科学大・氏家誠准教授の「王冠状の突起を何本も持つ円・円内の遺伝子Ｚ」模式図と、「新しい宿主を見つけ生き残る本能活動」と紹介されたが、動物から人への感染について獣医学のウイルス研究は、重要な課題としてのしかかっている。

　当たり前になった地震速報は人工衛星で送信し、行政無線を自動起動する。馴染み深い警告音のチャイム音の後、繰り返し内容が放送される。豪雨の列島被害の拡大は、山崩れ現象によって泥や岩が泥水状に襲ってくる。特に人工造林地は、大量の木材が滑り落ち家屋や橋脚を襲い堰となって水位を上げ水害に巻き込む。砂防ダムや溜池を乗り越えてやって来るのが恐ろしい。ドローンの普及で剥きだしの山肌を近くから見ると、その現実味が鮮烈になる。国交省の今世紀末の降雨量予測は1・3倍、洪水発生確立は4倍と、さらに拡大化する。

ゲリラ豪雨予測は、スーパーコンピューターを使った実測データとシミュレーションを融合する「データ同化」で信頼度が向上した。エリアメールは即座の対応に有効である。また、子どものGPSによる所在の確認に有用であるが、いわゆる盗撮が浮上した。監視カメラの普及は、解像技術の高度化に目を見張る進歩だ。カメラに見張られる監視が当たり前の社会になってしまった。無差別テロのカルト教団事件も終えると、教義・帰依と犯罪の過程がみえ難いようだ。宗教犯罪の核心が語られていないように思える。企業不祥事や医療過誤などのリスクは後を絶たない。政治がらみの行政のあり方も当然ながら姿勢が批判される。国境を越えた人々の行き交いや労働現場は事実上の移民国家のように見える。

今回のクルーズ船から学んだコロナ感染症の脅威は、密室空間の怖さである。非常事態宣言に見る感染力の拡大が行動変容を起こし経済後退は必至で、いかにして克服するか、動物分野の貴重な経験も参考になる。正しい情報で市民が行動しながら判断し、振舞う仕組み社会が強みになる。文明が生み出した都市の過密への反省が求められる時代だ。立ち向かう新しい就労形態や学習形態が工夫されてきたのも当然のことだ。ペットの同行避難が注目され国は「飼い主向け指針」を公表したが、「ウイズ コロナ」の複合危機を見据えた認知・理解の努力が求められている。

（二〇二〇年　四月号）

トビの診察

草刈りヤギ

最近話題を集めた京成線崖っぷちの子ヤギ「ポニョ」は、宮崎駿監督の作品にちなんで名づけられたが、ヤギの習性上崖の生活はお手の物といいながらも、線路脇の心配をよそに、せっせと崖草を食べていた。ヤギ仲間と集まる習性を利用して2ヶ月半ぶりに飼い主に戻りほっとした。ポニョの無心に草を食む姿は、のどかで愛らしくメディアでも紹介された。崖の構造が住み心地をよくしていたようだ。

西武線武蔵横手駅のヤギは風情に人気があり、広い保線草地の機械刈りと比べて年間176キログラムの二酸化炭素削減効果があるという。電車が着く度に姿が目立ち、お客さんから情報が寄せられる。高齢の雌ヤギの足が痛そうだと、おばあさんから教えていただいたと、時々新卒若手の女性保線員のマッサージを受けて余生を送っている。

石灰岩採掘で有名な武甲山（1304メートル）のふもとにスローライフを目指して移住した若いご夫婦は、登山客相手のカフェを営みヤギ達が出迎え、周りの除草もしてくれる。先日1匹がイノシシに襲われたようで太股を骨折したが今は元気に飛び跳ねている。ヤギのチーズもメニューに加えた。武州と甲州を雁坂峠で結ぶ甲州裏街道（秩父往還）の江戸時代「入鉄砲出女」監視の栃本関所跡近くの限界集落？に、薪割りが楽しいという青年が移住し、林業の傍ら子ヤギ2頭と住んでいる。青年の後を追いかける一体化した行動は実に愛らしい。クマの出没が心配だという。集落の人気者だ。

「雑草という草はない」昭和天皇が植物学者・牧野富太郎博士から引用したお言葉だ。どの草もそれぞれに名前があり懸命に固有の花を咲かせる。踏まれても踏まれても生き続ける強さたくましさ、人生を情緒たっぷりに「日本に生まれた古い血が流れ、おてんと様が照らす」セリフが体の芯に浸み込む美空ひばりの名曲「雑草の歌（1967）」は演歌の真骨頂だ。まさに、雑草の強靭な繁殖力は天から授かった宝物だろう。

日本の四季の変化は、適応能力に多様な変化を生む。タンポポの実の風に乗りやすく飛びやすい姿形は、それこそ天からの授かりものだ。小さな木の実を鳥が啄み、雑草の群落で小さな芽を出す。オオバコの種子はぬれると粘りつき足裏に付着して運ばれ路上で群生する。尾瀬沼の木道脇で繁殖し駆除に大変な苦労を強いられている。果実に芒（のぎ）を持つセンダングサの実は、衣服にくっつきやすく人と一緒に広く移動する。はたいても取れず指で摘みながら取り除く。ヨシやアシのような川原の草は水流に乗って運ばれる。ヒガンバナは三倍体染色体で、種子無し栄養繁殖で真っ赤な群落をつくり観光地化する。日高市の巾着田が有名でヤギは食べない。

農耕地の雑草退治は、手でむしるか鎌で刈り取るかトラクターでかき回すが、省力雑草管理で除草剤が汎用され、そのストレスで群落の遷移や除草剤抵抗性が備わってきた。米国では除草剤と遺伝子組換え除草剤抵抗性作物が開発・利用されているが、抵抗性雑草がグリホサート剤で出現し、優先雑草相の変化が見られるそうだ。青刈りトウモロコシ畑は雑草よりいかに早く丈を伸ばすかだ。生命系への混乱が起こらないという保障は無い。自然と暮らすヤギの事例をいくつかあげてみた。ペットを兼ねたヤギに、雑草に強い交雑種が増えてきたようだ。

（二〇一〇年　十月号）

西武線武蔵横手駅のヤギ

コロナの新年

わが国の国法として形式的には国家体制の枠組みとして、近世まで有効?という位置付けで、世界で最も長期間用いられた法令が、律令国家基本法の大宝律令である。撰修が進められ、養老律令（717）の注釈書として平安前期に編纂された令義解は、散逸していた医疾令・倉庫令をヘレン・ケラーが母親から人生の目標となる人だと教えられた盲目の国学者・塙保己一が、文献を探して編集し『群書類従』に復元した。公許登録女性医師第一号の荻野吟子は、当時前例が無いとして医術開業試験の受験を認められていなかったが、使命感に燃え令義解に女性医師の記述があることを訴え受験を認めさせ、女性として初めて同試験に合格した。律令時代の医師制度を群書類従が復元していたのだ。見事に時代を超えた連携プレイが実を結んだ。獣医史学で学ぶ「其れ狂犬有らば所在殺すことを聴せ」は養老律令にある。

今やコロナ感染症に世界中が振り回され、行動規制から生活権が侵され、経済活動が低迷し待望の東京オリンピックも延期された。ウイルスの特性から治療法やワクチンの研究が世界的規模で取り組まれ、WHOを核とした国際協力による地球規模での展開となった。獣医学研究者の山内一也・東大名誉教授のエマージングウイルスとの闘い（『ウイルスの世紀』みすず書房）や河岡義祐・東大教授のメッセンジャーRNA活用のワクチン開発の最前線（『新型コロナウイルスを制圧する』文芸春秋）で共に〝One Health〟の発生監視から、当然のことながら動物を横断的に理解する広い視野からの接点が進歩につながるwith virusの時代に読むほどに共振した。

人類の歴史はパンデミックとの闘いの歴史である。記録によると国内で天平文化の貴族・仏教文化の花開いた奈良時代に天然痘が大流行し、不安と恐怖の絶えない大惨事の時代で、死者も多く官人もわずらい政務ができず（日本続紀）とある。ヨーロッパで14世紀に流行したペストでは人口の22パーセントを失い、社会改革の一因となった。20世紀のスペイン風邪の流行は、第一次世界大戦中で第二波・第三波が起こり世界中で数千万人が死亡した。脅威のコロナウイルスの重症急性呼吸器症候群（ＳＡＲＳ）や中東呼吸器症候群（ＭＥＲＳ）の発生あるいはアフリカのエボラ出血熱、さらにミンクの変異株でデンマークは１７００万匹の殺処分を勧告し地域ロックダウンも記憶に新しい。

パスポートさえあれば自由に行きたい国へ行けるというグローバル社会が、突然ひっくり返って内外のまさに鎖国状態に陥った。外出自粛と事業の休業は企業体の生命線を抑え込み経済を圧迫した。一般国民が行動変容にいかに対応するかによって感染症の伝播が抑制されることが分かった。緊急措置としての教育現場の自宅学習やオンライン学習への急きょの対応は、現場の混乱を招きながらもさまざまな工夫が求められた。テレワークは当たり前となり家庭内ににわかに職場が持ち込まれた。世界中が民族色豊かに個性的なファッションマスクをつけ、工夫しながら経済を動かし迎えたこの新年が、コロナに負けない力をつけた輝く年でありたいと願う。

（二〇二一年　一月号）

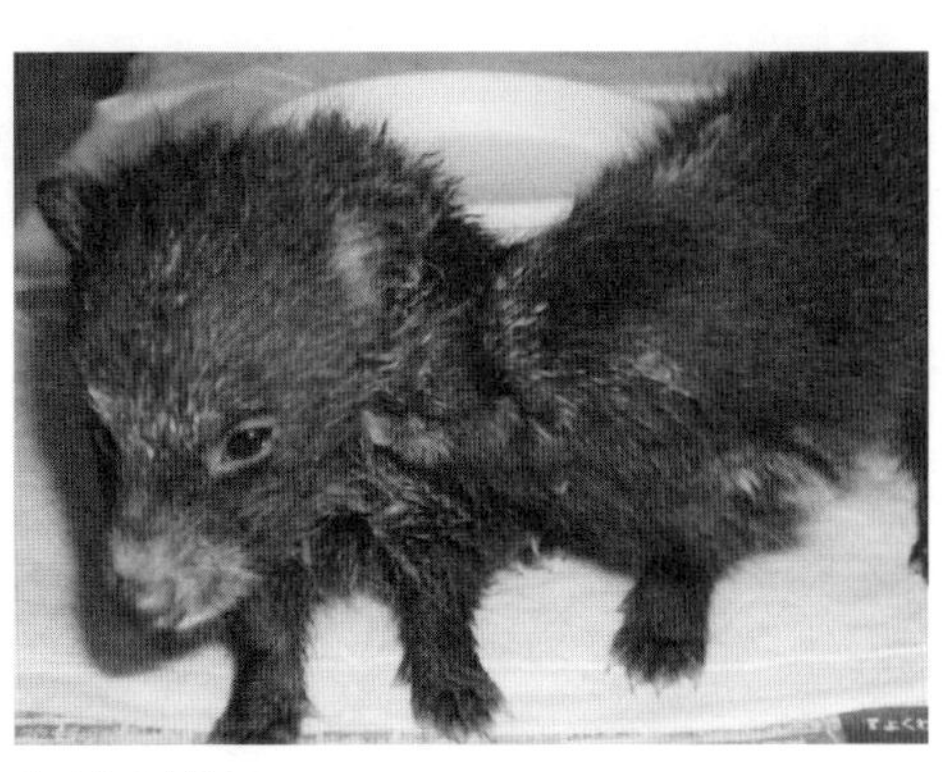
タヌキの保育

人生フロンティア

「元気で働いていますが、何せ歳だから少しずつにしています。80歳の春に石垣を組み、81歳で櫓(やぐら)を立ち上げ、82歳で倉と塀と門を建て、83歳で物置と池を造り、84歳でコロナ防止の茶屋を手がけて楽しんでいます」とのお手紙を頂いた。

若い頃は東京で学び、福島の田舎へ帰った教え子からのものだ。確か大先輩の学生がいたのを思い出す。福島の山里に帰り地域に密着して、専門の建築事業に携わりながら実直で謙虚な性格から推されて地域の議員を務め、後進に道を譲り立派な顕彰を受けたと伝え聞いた。あの大地震と降って湧いた放射能汚染では先頭に立って思いっきり活躍しただろう。過密の東京で学び、過疎の田舎暮らしはこの時期大いに歓迎されるところだ。まさに悠々自適のうらやむ生き様とみた。

人生百年時代の到来だ。ペットのZoonosisで活躍の元小動物臨床獣医師のA博士は、日本医師会との交流で先鞭をつけられ、いわば〝One Health〟の先駆けとなった。北里大と東大で学び感染症に詳しい。埼玉と沖縄の2ヶ所で診療し、飛行機で飛び回る生活を続けていた。機中は貴重な読書時間だといつも本を手放さない。何冊も啓発書を書きメディアでの登場も多い。曰く「人生二毛作時代です。二期作ではありません。残りの半分は遣り残した別のことをします」という。まさに農学系出身者の知の言葉だ。

都立高校を卒業の折、果たせなかったもう一つの夢を極めたいと臨床獣医師をリタイアし、何と武蔵野音楽大学の門を叩いた。声楽科の公開考査に思いがけず立ち合わせて頂いた。音響効果の素晴らしい教室でピアノの伴奏にあわせ、タキシード蝶ネクタイで正装し原語で歌う喉の奥から響く発声は、江古田の会場を震わせ審査員の真剣な眼差しを受けていた。歌い終えた表情は青春の夢を追いかける屈託の無い明るいものだった。熟年の歌声響く幕開けが待たれる。

日本農業にとって農地の耕作放棄が大きな課題だ。細切れの錯圃（さくほ）農地が多く効率が悪いと農政改革を夢見た民俗学の柳田國男が指摘している。今や機械化に応じやすく生産効率を向上させたいと農地の集積化が農政の柱である。武蔵野台地の一角に広大な「味の狭山茶」の茶園が広がる。所有者は地域の農民たちが祖先から引き継いだ畜産が有機的に結合する美しい景観を誇る自作農地だ。

自園自製の六次化園か、共同工場に参入の自立化園か、栽培園地の集積化で多元化飲料業界に攻め込むかの工夫を迫られている。共同工場はＡＳＩＡＧＡＰ認証をすでに取得した。強い農業を目指す農地を集積しながら拡大成長する法人組織が展開している。その集積面積が60ヘクタール？に膨れ上がった。７割が飲料メーカーに飲み込まれる。地元生産リーダーが25名の従業員をまとめ大型機械力を駆使して担当している。昔の農作業の面影は無い。この現実に地元労働力の圏外転出の寂しさはあるが、耕作放棄を免れている都市近郊主産地の現実がある。輸出製品には世界遺産の細川和紙に美人画和風の茶壷が添えてある。外へ向かって打って出るブランドに期待したい。人生フロンティア３題を追ってみた。

（二〇二一年　四月号）

茶摘み風景　茶畑の先に加治丘陵・桜山展望台

発見

「ニホニウム通り」の元素プレートを踏みながら歩いてみた。かつて寺田寅彦が元素は「源氏名(げんじな)」のようなもの（『柿の種』岩波文庫）だと書いたが、和光市駅から理研までの道路約1・1キロをシンボル道路として、何と1から118番までの元素記号を描いた路面プレートを埋め込み道路番号も113号に変更したのだ。標識モニュメント「113Nh 発見の町」のプレートが設置され業績を讃えている。街を歩きながら周期表をたどる仕組みだ。暗記法の「水兵リーベ僕の舟……H He Li Be B C N O F Ne……」などで苦心の昔が思い出される。

森田浩介博士研究グループが100兆回以上の原子核衝突から合成に成功したアジア初の元素で、パブリックレビューを受けて日本を象徴した新元素名が命名された。2017年の命名記念式典には皇太子殿下のご臨席があった。輝かしい科学の業績が多くの市民の理解と関心を生み、歩きながら学習する取り組みに拍手。研究者を激励する特色ある科学の町が世界に注目され、市民あげて協力の姿勢が誇らしく示された。ちなみにNhは超ウラン元素でZnをBiに高速衝突して合成し平均寿命は2ミリ秒の瞬時である。

かつて姫路市の化石ハンター岸本真五さんが、7200万年前（白亜紀末期）の化石を平成16年（2004）に淡路島で発見し、研究者が精査のところ新種の恐竜だと分かった。アヒルのようなくちばしをもち体重は4～5トンと推定される。発見時には足がガクガク震えたそうだ。これまでの報告と一致しない新種で、神話の日本の起源に由来するので「ヤマトサウルス・イザナギイ」と命名された。

この科は2千万年同じ姿で生きつづけ繁栄したと考えられている。高校1年の頃から発掘に興味を持ち掘り続け、日本の国起源の学名にこぎつけた功績は何と誇らしく素晴らしいことか。発掘者の功績と粋な命名に拍手。

馬は人の生活と密着してきたが、機械文明の現在、わが国では競馬や特定の使役に従事してきた。戦時中は軍馬として兵士と一体化した重要な戦力であった。「馬の博物館」に享保の改革を行った八代将軍吉宗公の相馬地方の馬の飼育調査があった。絵師を同行した「厩坂図絵」に、馬を追っている情景・削蹄・体毛を整え・馬を洗う・焼印の場面を「話し言葉」と一緒に書き入れている。動画に通ずるようで見ていて楽しい。

また戦国時代、馬は重要な戦力であった。戦国期桑嶋流「馬医療治書」の考察が、獣医史学会伊藤一美理事から今回の学会で発表された。天正元年（1573）の猪紙本で、さすがに痛みがひどいが桑嶋新右衛門仲綱の花押がしっかり記されている。この史料の特色は、戦国期の状況を示す怪我と療治処方で、漢方薬の藤瘤、天南星（マムシグサ）、かち栗などが記されている。矢の根が傷口内に残っている場合、カラスの羽を13本焼いて髪油と混ぜ傷口に押しあてて貼っておく治療法や梵字で書かれた呪符も戦国期の特徴だという。桑嶋流は遣唐使に源流をなすといわれ、一層の研究解析が期待される発見である。

（二〇二一年　七月号）

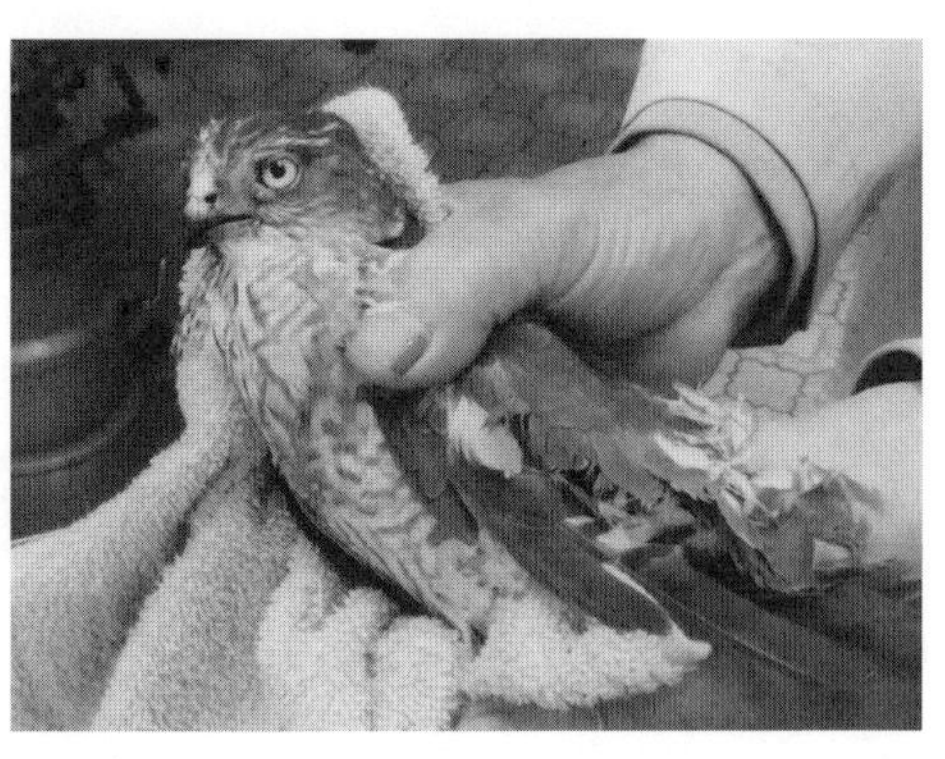

サシバ

オリンピックとモッコ

わくわくどきどきしたオリンピック・パラリンピック大会が終えた。united by emotionをモットーに、稀に見る猛暑とパンデミックで混乱のなか、異例の形で乗り越え静かに開催されたことは、世界が評価している。コンセプトの自己ベスト・多様性と調和・未来への継承が掲げられた。あってはならない発言が人権問題で噴出し、ハッとした場面は記憶に新しい。

あわせて「復興五輪」が、東北大震災を乗り越え「おもてなし」で福島産のGAP食材が使われ世界の人々に喜ばれた。東京大会開催に向けた会場整備は、技術の粋を集めた世界に誇れるものである。東京ドームは全国から集められた木材が活用され、出身生産地に大きな誇りと自信をもたらすとともに、木の素材を生かした温かい雰囲気の環境にやさしい構造である。概観の天井の「0」構造は未来への出発点のように思われてならない。

「東京2020 NIPPONフェスティバル」の東北復興をテーマの「幸せをはこぶ旅　モッコが復興を歩む東北からTOKYOへ」が上演されプログラムに胸躍らせた。モッコは被災3県の子どもたちが「モッコの物語」（又吉直樹作）からイメージした人形の身体に東北の花々が取り付けられ立体デザイン化して完成させたものだ。いわば東北の子どもたちが創りあげた創造の人形である。これを元に原型が出来上がり、創りあげた巨人が操（あやつ）り人形モッコだ。出発地は津波復興祈念公園（陸前高田市）で、全身に装飾の10メートルの巨大人形モッコがクレーンで吊り下げられ、楽曲に合わせて操り式でさまざまな表情を見せてくれた。アニメに似た作成者の思いが伝わる圧倒的なパフォーマンスを見せてくれた。人形を操る30人を超す大勢の演者が、自ら演舞しながら人形の細やかな表情を巧みに操る様は情景にピッタリであった。

東北の被災地を巡り、メッセージを預かり文化や出会いを重ねロードストーリーを背景に復興を歩む東北からの旅で、近代の伝説を創造する旅だ。東北の強さ、回復力や優しさを新宿御苑でコロナ禍のため無観客で公演したが、リモート参加者数が関心の高さを示している。

このプログラムを見てハッと思い出した民話がある。「大太法師（だいたらぼっち）」だ。伝説上の巨人で、元々は「国づくりの神」に対する巨人信仰で怪力を持ち、富士山を一夜でつくりあげたとか、榛名山に腰をかけ、利根川で足を洗ったとか、その足跡が池になったとか、さまざまな伝承がある（日本国語大辞典）。武蔵野台地では足をついたところが大きな窪地となり、富士山に腰をかけて一休みする伝承がある。民俗学の柳田國男は富士山を背負う話（新訂妖怪談義）を記している。

新種目のスケートボードの13歳金メダルは、まさに新たな巨人の出現である。日頃の生活のなかで楽しみながら自由度の高いアーバンスポーツの到来だ。パラリンピックの息を飲む戦いにアスリートの国境を越えた共有の感動が国民スポーツの振興につながり、早く日常生活に戻れるよう期待したい。信念と覚悟の大会が生んだそれぞれの物語は、多様な顔を持ちながら、人間の未来へ向けたあるべき幸せな姿を描いている。

（二〇二一年　十月号　　通算９００号記念号）

ウサギ島（大久野島）を訪ねて

詩文に寄せる

うれしいニュースが駆け巡った。CO_2が2倍になると気温が2・3℃上昇するという気候大循環モデルを開発完成し、地球温暖化現象を解明した物理学者の真鍋淑郎博士がノーベル賞を受賞のニュースだ。地球規模の課題の科学的な現象を解明した世界的な功績者である。「好奇心」が研究の原動力であったという。

発表時の記者会見で、アメリカの自宅リビングが映し出され、壁に掛けられた扁額が目立って気になった。何と東洋的な大きな見事な筆勢に長けた墨書ではないか。しかも二つが横並びである。筆跡から活力に満ちた同一人物の作品のようだ。墨書の詩文が気になって掲載新聞を漁った。まず朝日新聞の天声人語で見つけた。会見した特派員は「南紀の海はその一角だけが荒れ騒いでいた……」の著名な作家・井上靖の『渦』の一節だという。静岡新聞は井上靖文学館の学芸員によると友人のいる和歌山・南紀の情景を描き小説のモチーフにもなったという。「知名度は決して高くなく、なぜこの一説を抜粋したのか」と驚くと報じている。その後、河北新報が大きくこう取りあげた。「ノーベル賞真鍋さん宅に『白鳥省吾』の詩」との見出しである。河北新報は仙台地方を中核とする東北を包括する有力地方紙である。目にした読者の驚きと喜びの顔が目に浮かぶ。白鳥の墨書の詩は1992年発行の第6詩集『共生の旗』に収録された「夕景」の第1連の抜粋だという。3連構成で小牛田から石巻港までの列車で見た厳冬期の農村の貧しさが描かれていると詳しく説明している。

「凍え行く夕暮れの『広野は暗紫にところどころ雪の白を点ず／寒き地の肌に氷に閉ざされし枯草』に雪の上に／煤ふらし咽びゆく」と煙を吐きながら貧しい厳冬期農村の野原を走り抜ける汽車の窓から見た心境がつづられている。省吾は東北3県の県境にそびえる紅葉で名高い名峰栗駒山を見て育ち郷里を心から愛し、農民の魂を持って民衆詩の論陣を堂々と張った詩人である。戦争を憎み、大地に生きる農民生活の貧しさを真正面からとらえている（「殺戮の殿堂」、「耕地を失う日」）。真鍋博士が異国に在りながらこの詩を心に刻み、まさに日本の魂を持って研究に専念され立派な功績をあげられたことがうれしく懐かしくしのばれる。

気候変動は、世界が注目する政治課題であり研究課題である。ＣＯＰ26が最終盤の交渉で「上昇１・５度」の目標が射程に入り世界目標と位置づけた。脱炭素への各国の取り組みが目標化され石炭火力発電や非効率な化石燃料への対策が組み込まれることになる。一方生物多様性の保全は気候変動にも有効である。心配される生物多様性の劣化は、食料や水、健康など人類の生存基盤を脅かしている。

東大・橋本禅准教授は、気候変動の抑制と生物多様性の保全は持続可能な社会に欠かせず、気候変動対策に相乗効果をもたらすことが多いとしている（朝日地球会議）。大量絶滅時代とも言われる現代、日々生活の中で脱炭素社会と生物多様性保全の構築に向けた努力がなされているはずだ。環境危機時計が危険度を示し始めているのも現実なのだ。未来をしっかり見つめる年でありたい。

（二〇二二年　一月号）

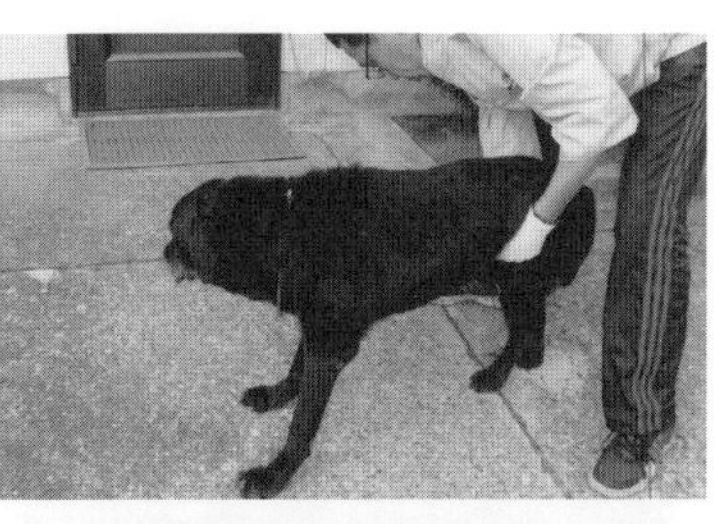

介護犬

にれかめる

「にれかめる牛に春日のとどまれり」／鈴木牛後。

北海道下川町の牧場ののどかな雪解けの春の光景が眼に浮かぶ。朝早く牛舎の扉を開けると待っていた牛たちが一斉に顔を向けて朝の餌を待つ。搾乳機のスイッチを入れる。牛たちは餌を食べながら乳を搾られることの快感をむき出しにする。機械搾りの時代、バキュームが乳首を吸い込む音と感触が泌乳を促進するようだ。搾られた牛乳が透明なパイプラインを波打ちながらタンクに注がれる。搾られた生温かい乳がみるみる蓄えられ冷却されてゆく。

搾乳している間に、産房に入れておいたおなかの大きい牛が子どもを産み落とした。「羊水ごと子牛どすんと生れて春」。春の絶好の季節を待って当たり前のように起立姿勢でひとうなりして子を産み落とした。同時に胎水が一気にドバッと噴出した。まさに安産のうれしい表現だ。胎盤はまだ引きずったままだ。母牛が息づきはじめた子牛の胎膜を丁寧になめ始めた。子牛は頭を持ち上げ始め、よろよろ起立しそうだ。初めての歩みだ。何回か倒れそうになりながら、やがて母牛の乳房にたどり着く。自然界の当たり前の光景だ。

生まれた子牛は、ヒトの手で哺乳される。子牛の身体についていたお産の血が軍手にへばりつく。「血の軍手春日に干してまた履きぬ」。お産の血は清らかな血だ。洗って春日に干せばまた使える。「冷やかや人工乳首に螺子がある」。親から離された子牛は初乳をヒトの手で飲む。いかにも産業の保育だ。

搾り終えた牛たちは、ストールから解き放たれて放牧場へ開放される。先頭に立つのは元気な若いのが多い。新緑の牧草を求めて歩を早める姿は、まさに生きる本性への歩みだ。「新緑へ続くや牛の第一胃」。第一胃を強調したこの句が、大地に生きる人と牛の真実を喝破している。牧草を食んだ牛は、静かに伏臥して反芻を始める。これこそが「にれかむ」だ。漢字の「齝・呞」が当てられる。

沢山の牛を飼いながらの暮らしはすべてが順調では無い。「指を待つアンプル月光の棚に」。夜間診療の準備は確かか。棚に並べて月明かりで薬品を確認する獣医師の確かさがしのばれる。「牛死せり片眼は蒲公英に触れて」。「斃獣を吊り上げてゐる雲の峰」。放牧地で倒れた牛はタンポポの黄色の花びらが牛の眼の縁に死を悼んだ献花のようだ。

やがて斃獣処理車が来て後肢を結わえてクレーンで高々と吊り上げる。その背景がきれいに映る。仕事をしながらふと目にとまった何気ない風景が17音に収まり、牛が反芻するようにかみ返し出てくる。構えて創るのではなく、身体を動かしながら染み出る、まさに生きた言葉の誕生である。

人口の減少に見舞われ、生産基盤の畜産が主力の地域で広大な農地を守りながら、人生を豊かに働くことを賛歌する日々が続く。町の開拓100年記念に始めたミニ「万里の長城」の石積みに集う町民の逞しさが絆を生み、一歩前進する結束力を生む。北の町で生まれた心豊かに生きる酪農俳人の句である。

突然の侵攻におびえるウクライナの人々が、畑に当たり前に種のまける春であることを祈りながら。

（二〇二二年　四月号）

牛の調査

若冲

『日本の家畜・家禽』（監修・著 秋篠宮文仁 小宮輝之 学研）に掲載の若冲「群鶏図」は、何と精緻で格式の高い奇想画か。佐藤康宏東大名誉教授は軍鶏や矮鶏に同定できるもの以外は概ね小国系統に属するようだとしている（『若冲の世紀』東京大学出版会）。江戸時代の鶏を写生的な装飾画体で見事に描き出している。闘鶏が盛んだった時代のことだ。絵画といえば浮世絵と狩野派や琳派の時代である。

最近人気の伊藤若冲（１７１６～１８００）は対象をよく観察し見たとおりに描く、いわゆる本物の実証主義的な写生画の誕生である。動物は吉祥画としてそれぞれ得意分野の画家が誕生した。ネズミは白井直賢、シカは東東洋が、トラ絵の岸駒は中国からトラの頭骨を入手して皮を被せて計測し、科学者のような対応でリアルな絵を描きあげている（内山淳一『動物奇想天外』青幻舎）。その中で吉祥の鳥とされる鶏は、若冲の専売と言われるほど羽毛の一本一本の動きを正確に捉えている。また、動植綵絵の『池辺群虫図』は池辺にたわわに実る瓢箪の下に、蛙、蛇、蠑螈、蜘蛛、蜉蝣、蝶など沢山の生き物が写実的に描かれまるで生態図のようだ。狩野派幕府奥絵師の筆頭格狩野栄信の「百鳥図」は、旭日の下で梅や牡丹がほころぶ池辺に集う小鳥たちの姿形から、モデルになったと思われる錦鶏、孔雀、雉、鶉、雀、四十雀、尾長、鶫、鴨から燕など、孔雀は鳳凰を思わせる作風で吉祥的な意味合いが濃く異質に見える。若冲の「百犬図」も当時の日本犬の真っ白から真っ黒や茶色まで、まだら模様はとても可愛らしく作者の造形感覚がうかがえる。どの犬の表情も同じように見受けられるが子犬のコロコロしたモフモフ感に見取れてしまう。

画壇の主流だった狩野派は、武家の御用絵師として力強く格調高く、琳派はきらびやかで斬新さを持ち、掛け軸や屏風絵として日本の家屋に最も適応し発展してきた。北斎や広重らの浮世絵とともに日本画壇を支えてきた。版画で独自の美を開いた浮世絵は、風俗画として錦絵で全盛期を迎え庶民に愛され西欧美術にも影響を与えた。

若冲は京都で町年寄として活躍し隠居後絵師として自立した。鶏は瑞鳥鳳凰のモチーフとして、一方瓢箪は穀物栽培のはるか以前に栽培化され、狩猟採集の時代に重要な食料となり、円満とも呼べる美しい形態に特別の観念、崇拝、信仰を持つに至り習俗を形成した。さらに瓜類は種子が多く、子孫繁栄の最上の象徴として描かれた（鈴木健之　東京学芸大学紀要）。若冲は、西陣織製作工程の正絵（しょうえ）に触発もしくは織成する白象群獣図など「桝目画（ますめが）」作品を自己の作画原理に従い自由に描出し、執勘に物を凝視する姿勢で絵画に染織的な表現を取り入れた（泉美穂　金沢美術工芸大）。西陣美術織・伊藤若冲動植綵絵として西陣織と融合した「奇想の画家若冲の傑作と伝統工芸の調和」展に足を運び驚異の達成感を味わった。古都京都で美術工芸に西陣織が深く関わり、日本が誇る名画作成に熱く連携しながら、若冲の功績を継承する絵画と連携の時節を迎えたようだ。

（二〇二二年　七月号）

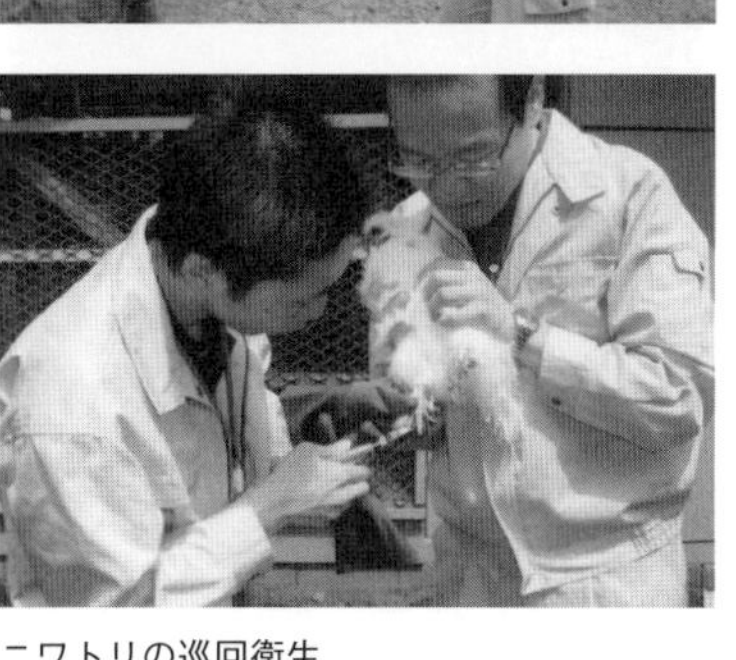

ニワトリの巡回衛生

3MT

若手研究者向けに新しい研究発表の仕組みが生まれた。「Guide dogs help us, But can we help them ?(Takanori Shiga)」のタイトルで、シンボルのハーネスをつけた盲導犬が、人をガイドする場面がプレゼンスライドに映し出された。

東京大学内最初の3MT(Three Minute Thesis)コンペティションの場面である。全学の博士課程在学中の学生から選出し、自分の博士論文の内容について英語で一枚のスライドだけを使って、一般の人向けに3分以内で説明し研究コミュニケーション能力を競うものである。大学院獣医病理学研究室(中山裕之主任教授)に属し、「盲導犬の遺伝性疾患に関する自身の研究」について発表した。優秀な盲導犬育成のための選択的繁殖によって、イヌが発症しやすくなる病気とその遺伝的要因についての研究である。全学の若手研究者の発表の中で、獣医学研究者が見事に優勝した。2019年5月のことである。

その後、ブリスベンのクイーンズランド大学で行われたアジア太平洋国際大会に出場し準優勝を獲得した。研究コミュニケーション能力を競うこの大会は、2008年にオーストラリアで始まり、今では85ヶ国900以上の大学で開催されている。3MTは知名度と評価の高いコンペティションで、学術研究やプレゼンテーションおよび研究コミュニケーション力を洗練することを目的とし専門分野外の人にも伝わる説明が求められる。毎年取り組まれるようになり注目されている。

理学部の小柴ホールが会場であることも研究者にとって縁が深い。通常の学会発表は他の研究者・専門家と議論や意見交換を行う場であり、最近ではオンライン発表が増えており、直接顔をあわせて議論できないが気軽に参加できるようになった。質疑応答でデータ説明は直接PCから示せる便利さがある。

国内でも３ＭＴに取り組む大学が増えてきた。３分という短い制限時間の中で発表することが求められるとともに、一般人にも受け入れられる説明でなければならない。専門分野の話というと難解な例が多いが、社会が求める核心の部分に焦点を絞る研究とのマッチングが求められる。

３ＭＴの参加は学術的なプレゼンテーションスキルだけでなく、自身の研究について専門分野の外へも伝えることも必要で、効果的な説明が求められコミュニケーションスキルの向上につながり、加えて様々な分野からの参加でお互いの研究を知り、リサーチカルチャーの構築ができる。参加者の顔を見ながらジェスチャーを交えて自身の研究に自信を持って発表する。象牙の塔に固執することなく、俯瞰して広く社会が求める研究で、社会に還元されるものでありたい。すぐに役立たなくとも20年後、30年後あるいは遠い将来の地球社会の福祉に貢献することを期待したい。

発表者の多くは、将来大学教育あるいは専門職域のリーダーとして活躍が期待される優秀な能力を備えた研究者で未来の博士である。能力と行動する力量を備えた研究者の存在する未来は明るいものと期待される。

先端科学を牽引するわが国の理研が取り組む研究成果を分かりやすく、研究者が自ら解説発表する「理研チャンネル」の動画発表が思いだされる。

（二〇二二年　十月号）

赤トンボ

食料安全保障

　経済が生み出した分業社会は、効率の良い仕組みで富の生産と分配の安定した社会の基盤を作り出し製造原価を引き下げ、製品の普及を容易に便利で快適な生活を生み出した。しかしながら、この行き過ぎが招く自然との調和問題や社会の断片化も課題となって現れた。為替相場の変動が輸出入価格にすぐに影響する。発電資材の価格上昇は電気代を上げ、その結果連鎖反応で製造原価を押し上げる。海外依存度の高い食料や飼料価格の値上げの影響は大きい。コロナの感染拡大で牛乳の消費停滞を何とか耐えてきた矢先のことである。なかでも輸入飼料の入荷困難と価格のつり上げが自給飼料比率の低い経営体を直撃した。特に牧草地の少ない近郊酪農や購買飼料に依存する養鶏や養豚農家の困惑は眼に余る。牛飼料の国産自給藁の供給はまさに水田のお陰である。飼料価格の高騰により乳代で飼料代が不足する事態は飼育頭数の減少を招き、しかも自給飼料調達困難な場合生産原価を底上げし、先行き不安からやむを得ない廃業に追い込まれてしまう。

　分業は、技能の向上や時間の節約あるいは発明の誘発を利点とするが、行き過ぎもまた問題を生む。過度の分業は何を造っているのか何に使われるのか分からない心の劣化を生み、労働環境の低下を招く。さらに権力が集中して複雑な仕組みが責任の所在を曖昧にし、無責任な状況が頂点に達すると裁判に委ねるような感覚麻痺が発生する。行政と政策の断片化が発生すると熱海の土砂崩れ災害や知床の観光船遭難が思い出される。

　太陽光や風力といった自然エネルギーは、人口の過度集中から自律的分散を可能にした。食料生産や建築木材の立地は、水と山林を豊富に持つわが国特産の資源である。食糧難の声が聞こえるこの頃、主要産出国が安全保障を握る人類生存の要であり、広く責任を負うものでなければならない。農業経済学の権威鈴木宣弘・東大教授は「持続可能な食・農・環境・地域の活路」を提起している。輸入した方が安いからと国内生産をやめてしまったら、不測の事態で食料危機が起こると調達ができない。また、食品ロスは分業による特有の商慣習や消費される魚の多様性の劣化を生む。海外に依存し過ぎない自給力を持つ工夫を国土の様相から考えてみたい。政治の世界で「食料・農業・農村基本法」を見直し食料安保を強化する方向性が視野に見えてきたようだ。分業社会は、それを総括する自律性を持つことである。域内の連携基盤を生かし、新技術を活用し食品ロスを抑えながら、38パーセント（カロリーベース）と低迷する自給率を何としても高め地域を創生し、しっかりした備えをしたい。世界環境の多極化の進行と、いかにも力の支配の時代にあって、ウクライナ危機の教訓として食料安全保障を真剣に考える新年でありたいと思う。

（二〇二三年　一月号）

人間性

現在、ドイツで事実上の亡命生活を送っているベラルーシのノーベル賞受賞作家アレクシエービッチ（Alexievich　1948〜）さんは、政治と科学に翻弄(ほんろう)される人々「小さき人々」の生活を取材し発表してきた。ウクライナ侵攻で残虐行為が繰り返され人間性を失っているが「人間から獣がはい出している」と表現し、作家は「人の中にできるだけ人の部分があるようにするため」に働く、今は「誰もが孤独の時代、人間性を失わないためのよりどころを探す」と語っている。穏やかに憂いを帯びた眼差しで、遠くを見つめる大きな横顔写真を添えてベルリン朝日新聞特派員が伝えている。

人間性とは「人間らしさ」や人間的な性質をさすが、思いやりや気遣いの気持ち、人の意見が聞ける、愛情、感情や理性、途中で投げ出さないなどが考えられる。生まれると届け出をする国家とは、領土と住民を治める排他的な統治権を持つ政治社会である。概念として「領土・国民・主権」が浮かぶが、国家の運営を担う政治家は、国益を重視しつつも思慮深い人間性豊かな人物であることが望ましい。

日本がバブル崩壊後に取り組んだ市場原理至上主義が、反省の時期に入ったようだ。金融工学の数理的手法で踊らされた新自由主義の問題点が明らかになりつつある。豊かな社会を求めてコモンズに見る自然環境の安定的持続的維持、住居と生活的文化的環境、教育・医療・農業・金融等を健全に機能させる考え方である。この「社会的共通資本」を対抗概念として捉えることである。一般的な市場領域とは離れて社会の土台として機能する概念で、経済学者の宇沢弘文さんが唱えてきた。農林業を土台の観点から捉え、経済のかたちを人間性豊かな個人が尊重される新しい資本主義の考え方で議論がなされることを期待したい。

国連は機能不全をさらけ出した。安全保障理事会は脱退による瓦解（がかい）を避けるために「拒否権」という特権を編み出しているが、それを自国の利害をゴリ押しする道具にしてしまった。身勝手がまかりとおり解決の方向性が希薄になっている。国際法が機能しないのだ。強権的な専横を抑える枠組みが見いだされていない。世界中に争いの痛みが広まることを知ったはずである。人々は地政学的に多極化と力が支配することを学んだ。

トルコ・シリアの大震災は、すでにあの3・11の被害者数をはるかに超えた。息を呑みながら必死に救出する場面を見るにつけ、その人間性は侵攻の殺戮と対極に位置する。人間は生まれた時から備えている人間特有の本性がある。また、国連総会の緊急特別会合で侵攻軍の即時撤退を求める決議案が賛成多数で採択された。加盟１９３ヶ国のうち賛成が１４１、反対が7、棄権が32で採択された意味は大きい。世界相手のわが国の役割は、相手の目線に立った人間性豊かな存在であると理解したい。人は総合体として「生きる・働く・暮らす」の社会生物なのだから。（二〇二三年　四月号）

十五夜

栄枯盛衰

時代の変革に上手に便乗して成長した企業は数多い。時代を読み取り柔軟に順応することが発展への糸口になる。「驕れる人も久しからず」とまさにこの世の無常を示し、平家物語冒頭の「沙羅双樹の花の色、盛者必衰の理をあらわす」の句を思い出す向きは多いはずだ。どの企業も業界挙げてどっぷり浸かったＩＴ化の時代、いかに適応し、いかに生き延びるか真剣に闘いを挑んでいる。卑近な例では、コロナ禍で巣ごもり需要が増大しサービス数が増えた動画配信が競合過多となり、一転して淘汰の時代を迎えようとしているという報道も見かける。在宅時間の減少とともにあっという間の利用者の減少がサービスの終了を招き始めたのだ。利用者の要望に応えようと民放の無料動画配信も影響したといわれる。電子技術の目を見張る進歩はイノベーションそのものである。生産様式の変化はもとより生活様式に深く入り込んでいる。
（一般社団法人）ペットフード協会の調査結果で犬・猫推計飼育頭数全国合計は、１５８９万頭（令和4年）でほぼ横ばいで新規飼育意向は低下が続いている。コロナ禍でもペット関連産業の販売額は堅調である。在宅勤務時間の増加がペットクリニックの水準を維持し、経産省発表の動物病院指数の推移も堅調に見え、愛玩動物看護師の法制化も手伝い裾野を広げる業種のように見える。愛玩動物医療の高度化は飼い主に安心感や満足感をもたらし、ともに暮らすペットの存在が生活の重要な位置を占める時代となった。豊かな時代のペットが心の奥深く生きる癒やしを与えてくれる。

しかしながら一方で、乳牛や肥育牛あるいは養豚・養鶏界は国の「生産基盤の強化」の掛け声のもとにありながら飼育戸数を減らしている。朝日新聞一面記事が「減る酪農家」・エサ代高騰・牛乳余り・子牛の価格低迷と報じている。ウクライナ侵攻後1年で酪農家８００余戸が消えたと記事は伝えている。経営体の減少は寡占化の進行を招く。産業動物界の飼育戸数の減少は分母の減少で国家課題なのだ。

一橋大学イノベーション研究センターは、産業構造の研究から移動体通信技術や半導体設計のＳＮＳ分野の伸びを挙げている。アメリカ経済誌Ｆｏｒｔｕｎｅの企業調査で１９５５年の上位５００社のうち50年後のランクイン社数はわずか80社に減少している。右肩を下げない継続の難しさはどの産業も企業体も同じである。客観的で明示的に形式知として表現できる技術は模倣されやすく、科学的創造で重要な暗黙知の具現化したものは模倣が難しいことは言うまでもない。

ペット獣医界は、法制化された愛玩動物看護師と運命を共有する立場であり、しっかりした動物観を据えて、国民生活に密着したペットの命を守り、品格ある競争のもとに、国民生活に求められる本来的寄与の職域であることを念頭に一層の発展を祈りたい。

（二〇二三年　七月号）

Ⅲ 入間地方の産業動物

一　地域畜産の背景

地域背景の前提として、明治期の県内畜産の状況を『埼玉県誌』（大正元年刊　１９１２）から考察してみる。まず、「人民亦守旧の風厚くして」顕著なことは無いが、次第に「起業心勃興し、工業の発達殊に著しく」と工産物の増進を記している。生産統計に見る農産物は５割を超え、工産物の伸びが目立ってこれに近づいている。畜産物はわずか1パーセントである。

農耕用牛馬の普及も遅れ、先進地からの技術導入施策がとられた。牛は明治8年（１８７５）に横浜の外人より購入し、熊谷で飼育したのが始まりである。その後浦和で飼われたが、牛乳の消費者が少なく病院と刑務所に納入した。県内頭数は明治期末に8百頭になった。品種は短角種、ゼルシー雑種、アシア種、ホルスタイン種、ゼルシー種、ブラウンスイツ種である。肉用種は次第に増加し、明治期末に2千5百頭近くなり、東京府下への販出も1千頭を下らない。また、産馬事業は国策奨励され2万頭を超えた。さらに、養豚業は明治の初期より甚だ盛大で、明治5年（１８７２）には4千5百余頭が飼われている。「食肉は社会生活事情の進歩と共に益々発達すべきは自然の状態」として帝都への供給地としての認識がある。一時は1万頭を超え、共同的経営も誕生した。明治39年（１９０６）、川越以南に「豚羅斯疫（Schweinerotlauf 中獣会誌25（12）現在の豚丹毒）大に流行し６５０余頭斃死」に注目したい。直ちにワクチンの研究が行われた。家禽は明治初年の頃、既にニワトリ15万羽、家鴨1万羽がいた。日清戦役の困窮者対策に種鶏を京浜地方から入れた生活支援の記録がある。この頃、鶏卵は清国からの輸入が多かった。食肉需要の発達と東京販出の便により増加し明治期末には50万羽を超えた。

戦前の主要畜種について、現在の入間市の市街化中核である旧豊岡町と農村部の金子村をそれぞれの要覧から比較した。豊岡町では搾乳業は昭和元年（１９２６）には既に存在し、生産額９４００リットルで乳牛２～４頭が飼養され牛乳が販売されていた。豚２２０頭、鶏３７００羽（卵６３００個）が記され牛乳と鶏の増加があり、後にウサギが登場してくる。また、純農村部の金子村は昭和6年（１９３１）、家畜出産３３５頭、鶏約4千羽（卵約17万2千個）、豚３６６頭、兎１５０羽と副業的畜産が明らかで経営にしっかり組み込まれ、経営体の重要な柱として成長してきた。しかしながら大東亜戦争による戦局の悪化は、中堅労働力と飼料の不足から家畜の飼養を困難にした。加えて役畜の徴発も加わり、生産力は極端に後退した。さらに、終戦により植民地を失い、狭い国土に多くの人口を抱えて食糧難は極みに達し、とても動物を飼うどころではなく草食の家兎が一時推奨された。

金子地方についていささか触れてみたい。戦前戦後を通じて馬が県道で荷車を引く時代、その後を追うように子どもたちが荷台に手を出し、油粕などの中身を確かめて遊んだ。馬が糞（ふん）をすると背負い籠を背中につけたほっかむりしたおじさんが、棒で拾い上げて籠にひょいと投げ入れ片付けて歩いた。お陰で道が馬糞（まぐそ）で汚れることはほとんど無かった。馬方の荷役作業と組んでいたのだろう。

寺竹の畜産業・畫間安次郎は、父親の代から東京中野の親戚が経営する規模の大きな食肉問屋へ納入する牛を北海道や秋田あるいは青森から買い集めていた。中野の店は広く朝鮮や九州からも買い求め神戸へも納めたという。戦後間もない頃は短角種やホルスタイン系だった。貨車輸送時代、生牛の荷降ろしは金子駅で受け付けてもらえず、東飯能駅へ着けた。福生屠畜（とちく）場へ持ち込むまで自宅へ係留した。駅から自宅まで徒歩で引くのが大変難儀で、近くに住む弟と息子父子がこれを手伝った。安次郎の長男慶次は父親の仕事柄、小学校の勧めもあって昭和15年（1940）蒙開拓青少年義勇軍に勇躍入隊、満州で生産に励んだが、戦況の悪化で現地徴兵となり、ソ連侵攻で惜しくも戦死した（書間昭三・「魂だけのダモイ」）。安次郎は地域で繁殖豚が飼われるようになると、ヨークシャー種雄豚を飼育し、根通りを徒歩で鞭を上手に使いながら交配に連れて行った。まだ自動車の通行はほとんど無いので、子どもたちがぞろぞろ付いて歩くほどの名物であった。やがて安次郎が高齢になると弟父子がこれを引き継ぎ、豚の生体取引とあわせて種付けを行い、近くは徒歩で遠くはトラックを用いた。熊谷、鶴ヶ島、坂戸、昭島まで出かけたという。種雄のトラック荷台への跳び乗りと交配は訓練が欠かせなかった。（書間利夫・談）

昭和30年（1955）代、地域農協とくに金子農協の強力な指導のもと養豚主産地化し、あわせるように中神の浅見四郎が、豚の人工授精と種付けを行う種豚場を開設した。妻の百合子もよく手伝い優れた形質の改良に努め、新品種の導入も積極的に行った。ヨークシャー、バークシャー、ハンプシャー、ランドレース、大ヨークシャーからデュロックと育種改良を進め、繁殖養豚農家の家畜市場評価の向上を目指した。やがて、子息の要夫妻がこれを引き継ぎ良く稼動したが、食肉自由化による国際競争激化に伴い、養豚家の一貫経営への移行が表面化し、農場ごとに自家種雄豚の飼育が普及するに及んで使命を終えた。家畜改良の最前線を担保した浅見父子二代にわたる功績は大きい。昭和39年（1964）金子農協は、中神に農業構造改善事業による種豚センターを開設した。母豚候補を作出し繁殖農場への供給を目的として専従職員2名を配置した。その規模は、ランドレース（L）雌70頭、種牡に大ヨークシャー（W）2頭、ランドレース（L）1頭、ハンプシャー（H）1頭、デュロック（D）1頭が飼われ、主に交雑種（LW）が母豚用に造成され、これにデュロック（D）を交配し、三元のLWDが定着するまで、ＹＨ、ＬＨ、ＬＤ、ＬＤＨ、ＬＢＤなどさまざまな試行錯誤を重ねた。その後、貿易の自由化に伴い価格が低迷し生産原価を圧縮する一貫経営の普及が、種豚の自家調達に及ぶと昭和60年（１９８５）、目的を達成したとして20年経過をもって閉鎖した。（金子農協三〇周年誌および神山実・談）

役畜としての馬や牛は運輸や農耕用に必要とされ、古くは明治初期金子地区各村に馬一疋前後の村誌記載がある。少ない役畜は戦時徴用され残った牛馬の輸送能力はやがて自動車に変わっていった。昭和30年（１９５５）初頭から自動車や耕運機からトラクターへと農業機械化が進行した。農地の肥培に有畜農業の効用が認識され、昭和25年（１９５０）旧豊岡町は乳牛20頭、役肉牛48頭、馬16頭、豚５３６頭と急速な発展を見た。（豊岡町勢要覧）これらのことから畜産に関する姿勢は、戦前から引き継がれたもので、地域の理解と取り組みの土壌は既に出来ていた。旧宮寺村および元狭山村は、養鶏が極めて盛んで旧宮寺村の養鶏戸数は、昭和26年（１９５１）１５７戸（埼玉県農林部防疫資料）で種鶏場もあった。生産活動を円滑に進めるに当たり、二本木四分区集会所前に廃鶏市場が立ち業者が引き取って行った。飼育方法も平飼いからバタリー式に、さらにケージ式となり集約団地化されていった。飼養戸数が多いので鶏糞の処理が課題で天日乾燥に加えて、一括乾燥設備を東京環状線（国道16号線）の埼玉県側で始めたが、加熱による臭気の発生がひどく住環境への影響から間もなく閉鎖した。また、旧藤澤村は養豚が盛んでほとんどの農家が飼養し、黒豚に人気があり酪農と養鶏は数えるほどであった。東金子と西武地区は小規模ながら、熱心な取り組み農家が存在した。

旧武蔵国のほぼ中央部に位置する当地は、昭和30年（１９５５）９月30日豊岡町、西武町の旧東金子村、金子村、宮寺村、藤澤村が合併し武蔵町として発足、昭和33年（１９５８）旧元狭山村の一部を合併した。人口３万人に満たない町にジョンソン基地（現在の自衛隊入間基地、終戦前は陸軍航空仕官学校）があり多数の外人住宅を擁していた。町の面積約4千平方キロメートルで6割以上を農地・山林が占めている。宅地はわずかに7・5パーセントであった。農家戸数は1243戸、1万5210人の内、4割を超す6216人が農業に従事する農業地帯で、水田は少なく普通畑が最も多く、ついで桑畑・茶畑があった。桑園は化学繊維が発達し、繊維産業の後退で養蚕から茶と畜産への複合的転換の時期にさしかかり、桑が抜根され跡地の多くは茶園に変わっていった。里山の林業立地も建築用材やばや（下刈り草）、くず（落ち葉）の活用で燃料、有機質肥料として重要な位置を占めていた。冬場仕事の「くずはき」で集めた落ち葉は、堆肥や甘藷床（さつまどこ・種芋を寝かせて苗を採る）や家畜の敷料として踏ませ、厩肥（きゅうひ）として農地の肥培に活用された。この当時の主要作物は、麦・陸稲（おかぼ）・甘藷・茶・桑（養蚕）・馬鈴薯・牛蒡（ごぼう）など複合的生産であり、年産額6億円で畑作地帯の構造が分かる。戦後の農地改革を経て食糧増産が国家的課題であり、金子地区の新田山開拓に見る桂開拓と狭山飛行場跡地に見る狭山開拓が組織的に進められた。なお、桂の集落地名は、村内出身者が多く場所が金子村であることから、村を貫流する桂川にちなんだとされる。なお、農地解放に引き続いて県開拓課による新田山開拓構想があったが、金子山林会（地権者185名）が結成され、武蔵町を立会いとして昭和33年（1958）武蔵野開発株式会社とゴルフ場用地として売買契約が成立し、地権者の立木伐採を待って造成に着手し昭和34年（1959）に開場、武蔵野の面影を残す今や40万坪規模の立派なゴルフ場として名声を博している。

終戦後、主要作物と平行して畜産は振興途上にあり、農家経済に重きをなしてきた。昭和33年（1958）乳牛340、豚7千、綿山羊150、養鶏世帯1880戸で、特に鶏卵は入間養鶏として一元集荷され東京市場で名声を博した。米軍基地からの残飯が豊岡の富士商会から一括して販売され、ドラム缶輸送で飼料に活用されたことは、地域の生産活動に大きく影響した。この時期、産業にかかわる旧町村ごと5農協の他、茶工場が134、

製造業がわずか11という状況であった。商店は578店でほとんどが個人経営である。（武蔵町の概要　昭和34年）
昭和41年（1966）市制に移行、昭和43年（1968）西武町を合併して現在の市域になった。なお農協は昭和36年（1961）豊岡、東金子、宮寺、藤澤の4農協が合併し武蔵町農協が発足した。後に遅れて西武農協と金子農協が入間市農協に合併した。その後、市域を越えた大型化で、平成8年（1996）いるま野農協が誕生した。

戦後、農政の柱として農業構造改善事業による選択的拡大に対応した武蔵町の事業は、豊岡地区の富士見協業養豚組合（扇町屋）と施設園芸（いちご・黒須）、金子地区は中神協業養豚組合（中神）と武蔵協業養豚組合（上谷ヶ貫）、さらに金子農協種豚センター（中神）、西桂酪農組合（桂）が誕生した。富士見協業養豚組合はNHKラジオ番組の取材を受け全国放送で紹介された。また、藤澤地区に藤澤園芸組合（園芸・下藤澤）と藤澤協業養豚組合（上藤沢）が生まれ、それぞれ数人の組合員で構成され協同労働や専従者が置かれ、規模拡大が図られた。特に養豚では、構成員の繁殖農家から子豚が供給され、200〜500頭の肥育経営が行われた。いずれも、協業経営における問題点の発生や出荷時の価格変動から、個人経営に移行し規模拡大が進行して行く。あるいは職種の変更を促した。開設10年を経て、構成員全員で海外研修（ハワイ）の事例もある。

養豚の戦後史は概括して、第一期　昭和21年（1946）〜35年（1960）復興・普及期　第二期　昭和36年（1961）〜50年（1975）多頭化・高度成長期　第三期　昭和51年（1976）〜平成2年（1990）低成長・過剰期　第四期　平成3年（1991）以降　外圧・自由化期（新井肇「日豚会誌」1994）となる。

二　狭山飛行場の開設と終戦

狭山飛行場は昭和9年（1934）所沢飛行場分場として新設し、陸軍少年航空兵の練習場として国防上重要な位置付け（金子村村勢要覧）とされ、前年近衛師団により買収された面積約100・6ヘクタールで林が約8割を占め、残りが畑で、金子・東金子・元狭山・宮寺の各村が関係し、その筆数331であった。昭和12年（1937）陸軍所沢飛行場内に陸軍航空仕官学校が開校し、翌年豊岡町に移転、陸軍航空仕官学校として独立開校した。これにあわせて飛行場北側を200メートル拡張した。地権関係者は83名であった。飛行場の終戦時規模は、長方形周囲道路南北間距離1400メートル、東西距離1680メートルで、ほぼ235ヘクタールである。滑走路は南北に二本平行して土砂を転圧して整備され、西側に格納庫や機材庫、防空壕などと南西隅に二階建て木造兵舎が配置されていた。終戦間際に飛行場西側の平地林（新田山）を帯状伐採し複葉飛行機（通称赤トンボ）に木の枝を被せて空からの隠蔽（いんぺい）も行われていた。終戦の前年、国民学校1年生が飛行場へ防空頭巾を持って遠足、外周道路東側で弁当を食べていると突然空襲警報が発令され、急きょ集団退避となり畑の茶や桑の陰に隠れて敵機をやりすごし、全員無事帰宅したのを思い出す。

思えば本土空襲の初期のころであった。金子村役場に設置されたサイレンがなると防空頭巾を被って近くの防空壕へ退避した。多くは各戸で防空壕を用意していた。次第に狭山飛行場への空襲激化で、B29やP51などの編隊来襲に高射砲発射や壮絶な迎撃戦が行われ、敵低空飛行機からの機銃掃射も多くなった。編隊来襲のB29に向かって高射砲に加えて垂直突撃する勇敢な友軍機が上昇突撃中に撃墜されるのを何回か目の当たりに見た。国民学校生徒の出征兵士の金子駅への見送りや帰還英霊の校門前整列出迎えが空襲の合間に行われた。その後、飛び立つ飛行機も無く編隊通過後に赤トンボが周辺偵察飛行をした。隣の青梅市博物館には撃墜されたB29のエンジンが展示されている。終戦までの間、B29の編隊が南方から高度来襲しゴーという飛行音を響かせながら北へ飛んでいったが、高射砲の発射音が何発か聞こえるだけで通過を見とどけた。

三　武蔵家畜市場が果たした役割

埼玉県経済農業協同組合連合会（販購連を経て経済連）が地域養豚振興に向けた武蔵家畜市場が、昭和36年（1961）、元東金子農協敷地の澱粉工場跡地に臨時家畜市場を開設（写真26）した。翌年正式に登録、武蔵町農協東金子支店の河川敷に建設した。その後、環境整備のため昭和45年（1970）に狭山飛行場跡地の外周道路北西外側に新築移転（写真27）した。最大入場頭数は1500頭を超え、2交代入場を図った。金子農協の取り扱い販売額の多くを子豚販売が占め、牛乳や肥育牛を含めると畜産シェアは8割を超え、その年額7億から10億に迫る。毎

写真26　開設の臨時家畜市場（1961）
東金子農協澱粉工場跡地を利用した。ブタ籠から二人でさらって競り箱へ入れた。

写真27　家畜市場移設後の競り風景（1996）
台車に載せて競り人の前を移動する。

週水曜日の個別出来高が有線放送で流れ、地域の生産意欲を喚起した。購買者は関東圏と言わず、東北方面におよび、一時的ではあったが九州から西武線貨車輸送による黒豚の入場まであった。従来からの家畜商売買から子豚を市場が飲み込む新しい透明な販売ルートが確立され、繁殖豚飼育農家は増加したが、やがて貿易自由化や環境問題に見舞われる。金子農協は種豚部を組織し市場出荷の便宜を図った。大字ごとに出荷頭数の把握と出荷豚体重の適正規格の順守が求められた。市場搬入は委託や農家個人が当たった。市場へ入場したものは、適正規格であるか入場条件の豚コレラの予防接種済耳標の装着確認を行い、動力噴霧器による豚体消毒が行われた。50キログラム超過の個体については懲罰金が課せられた。また、入場後と競り時に個体の検査が行われ、成立後の搬出時に豚の移動証明書が発行された。競りや事務を円滑に進める経済連関係職員の他に10人ほどで構成される市場協力会（神山和吉会長他10名）があり、豚の飼育経験をとおして消毒や台車の搬送を行った。さらに、場内の家畜慰霊塔を管理した。また、市場運営を円滑にするため、出荷者協議会が定例開催され、出荷農協の担当委員と事務局が、市場価格や運営の問題点を協議した。家畜市場農協別実績（図1）から主産地としての入間市のシェアは大きい。高度成長期における子豚市場と飼料価格の推移から、生産原価としての飼料の高止まり割合は大きく、利益率が低下しながらの価格相関が明らかに読み取れる（図2）。この頃、生き残りの方策として一貫化の傾向に拍車がかかった。一貫経営の増加による肥育豚は、家畜商ルートと系統ルートも機能していたが、系統手数料の付加や価格の低迷から、庭先家畜商取引が主流となった。また、消費税導入時の外税扱いも取引の一般事例として定着した。

臨時に開場した昭和36年（１９６１）の1年間を含めて平成9年（１９９７）2月の閉鎖までの取引頭数と取引価格をグラフに示した（図３）。およそ90万頭を超える２００億円超の取引価格が推計される。その価格は金

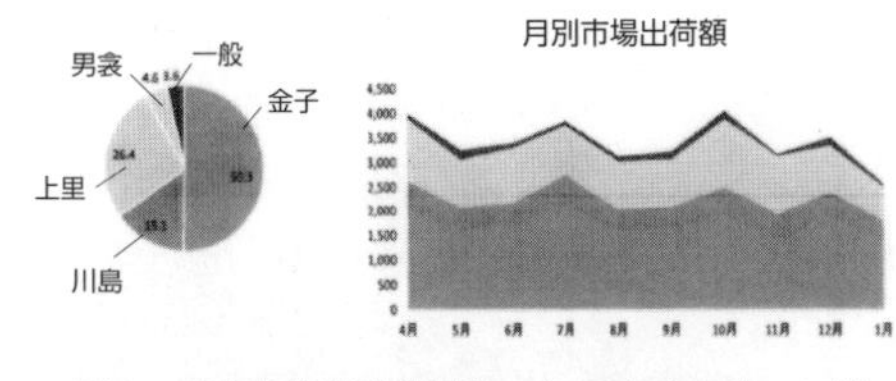

図１　家畜市場農協別実績　（1980年度４月～１月）
主力産地の金子　川島　上里　男衾　一般
季節による出荷頭数変化が明らかである。

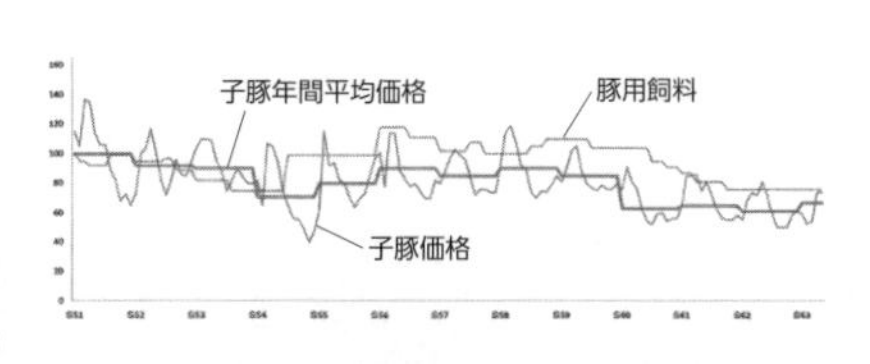

図２　子豚市場取引価格と飼料価格の推移　昭和51年～63年　（埼玉県経済連資料から作成）
取引価格が飼料価格に比例している。

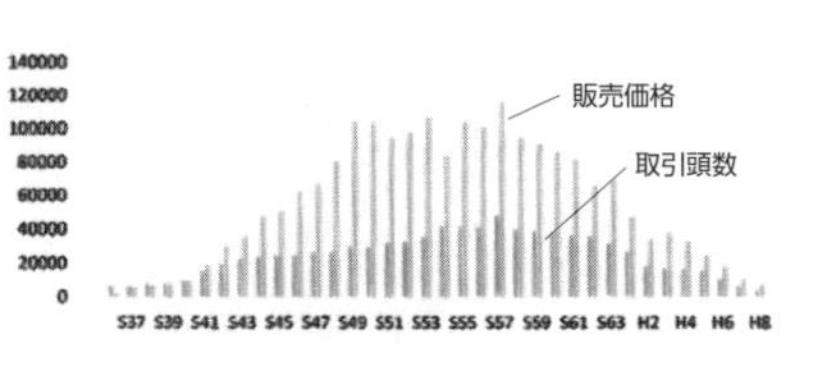

図３　取引頭数と販売価格の年次推移　昭和36～平成９年　（出荷者協議会資料から作成）
ほぼ正規分布を示している。

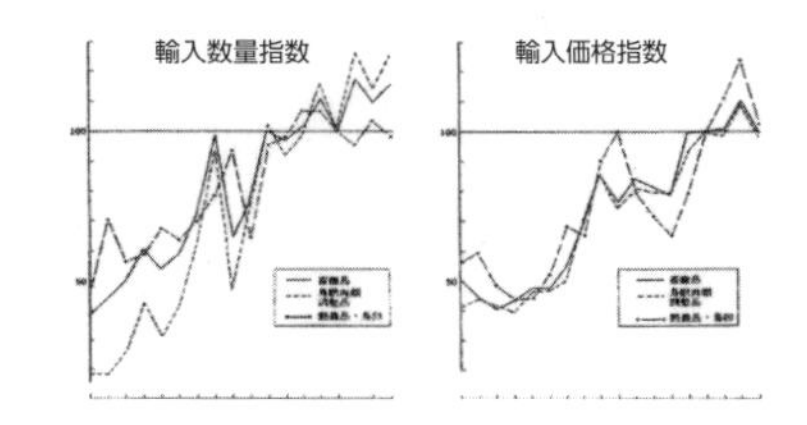

図４　畜産物の輸入指数の推移　昭和41年～57年　（農林省資料から作成）
輸入外圧の圧迫が分かる。

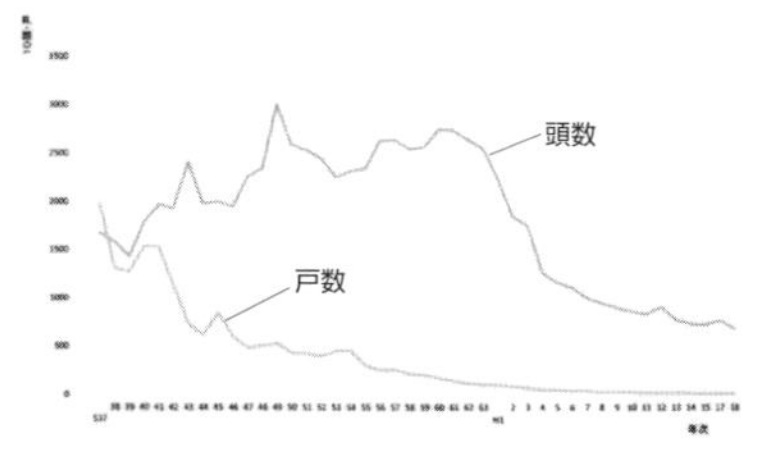

図５　入間市の養豚飼養頭数と飼養戸数の減少　昭和37年～平成18年　（農水省畜産統計より作成）
規模拡大しながら戸数の減少が明らか。

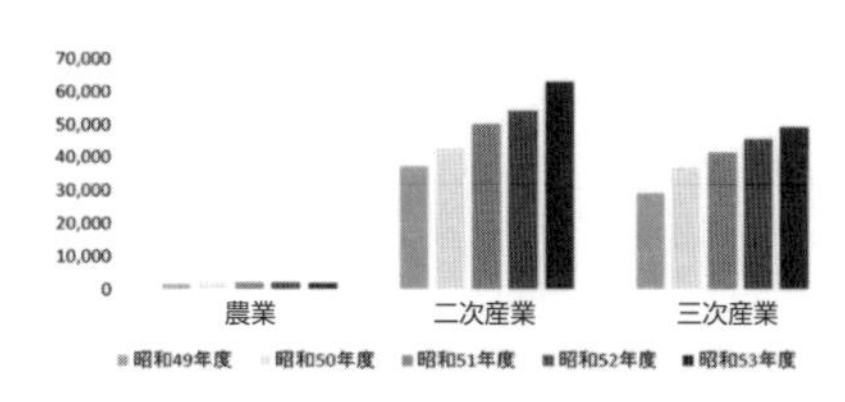

図６　入間市内純生産の推移　昭和49年度～53年度　（入間市市民所得推計より）
農業の安定と二、三次産業の成長が明らか。

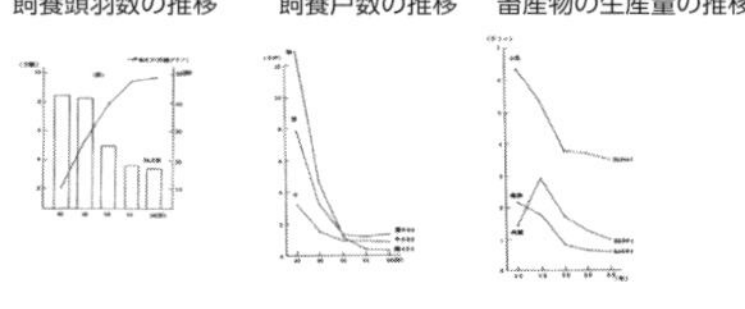

図７　高度成長期の東京の畜産　昭和40年～56年　（東京都の産業より）
飼養戸数も頭数も減少が極めて著しい。

子農協扱い販売価格の主力であった。図は正規分布型をなし頂上部の横ばい10年間を境に右肩下がりになり、自由化による輸入指数の上昇（図4）とともに反比例して、これが一貫化傾向の進行に拍車をかけ、飼育頭数の増加が生活環境と密接に関連し戸数の減少を招いた（図5）。加えて他産業の成長（図6）は、首都圏にあって従事者の高齢化に加えて、労働力の他産業流出が後継者の不在を示すように受け取れる。また、東京の畜産は高度成長期に著しく縮小し（図7）市場の購買力を失っていった。

四　畜産団地と地域の畜産

狭山飛行場は、終戦により米軍の進駐を受けた。終戦後原野の様相を呈していたが、間もなく自作農創設により払い下げされ、総面積233町歩（約231ヘクタール）で純入植者および地元増反者を合わせて、開拓者戸数542戸、内純入植者戸数15戸面積17町7反であった。入耕作者は豊岡・東金子・金子・元狭山・宮寺・藤澤・元加治に及び9割を超す圧倒的な割合を占めていた。昭和23年（1948）度県開拓課に提出された純入植者の旧格納庫跡地への農村工業計画書は麦類・雑穀・甘藷・豆類を製粉して製菓し、販売にまで触れ如実に協同理念と取り組みが記されている（入間市史）。狭山開拓の人々は、復員軍人・海外引揚者・戦災者あるいは地域出身者の帰農対策により入植あるいは地元農家の増反対策で転換が進められた。また、終戦時応急的入植者の一部に転出や撤退があり、跡地への入れ替え入植が行われた。入植者の地域既存農家との接触はあるものの、農業に経験の無い人々の開拓は容易ではなかった。作物栽培の他、養蚕に着手する例もあった。昭和26年（1951）東金子村跡地内に米軍の通信施設の建設計画があり、農民一同から接収免除陳情が行われた。戦後、兵舎は宮寺村・元狭山村学校組合立狭山中学校として学制改革に対応し昭和36年（1961）度まで使われ、後に大妻女子大学の狭山台キャンパスとなり多くの女子学生が学んだが閉校し、平成30年（2018）、新宿中村屋の近代的な食品工場（中華まん）として生まれ変わった。

合併後の武蔵町は、基本構想として飛行場跡地の東半分を工業団地に西半分を畜産団地とした計画を持った。市内に限らず他の都県から市街化に伴う移転や規模の拡大に向けた移転を受け入れた。その施設数は養豚22・牛7・養鶏12で合わせて41になる。（入間市畜産総合事業資料）その後、工業団地における企業誘致は、高度経済成長と同調し面積の拡張を迫られ団地内の畜産施設の廃止や県外を含めた移転が行われた。もちろん、残留のままの経営体もある。

農林水産物の自由化は、昭和30年（1955）ガット加入を皮切りに畜産物の中で養鶏は早く、昭和35年（1960）に種鶏から実用雛、昭和37年（1962）には鶏卵も鶏肉も自由化された。この時期、「養鶏革命進行中」という表現がピッタリで、ジェット機に乗って青い眼の鶏がヨーロッパを襲った後、向きを変えて日本に上陸した。狭山飛行場跡地は、当時の三吉道雄町長の「町ぐるみ百万羽養鶏」の提唱もあって、埼玉県畜産振興指定地域として集約的畜産の基地化が進められた。大場養鶏は、横浜の30坪で中雛を肥育販売し世田谷に引っ越した。肥育と採卵の平飼いからバタリーの時期を経て、神奈川座間養鶏の七人の侍の一人であり、「工場と同じように卵を生産する」という目標を持って昭和35年（1960）に武蔵町飛行場跡地に引っ越してきた。2万坪（6万6千平方メートル）に30万羽を目標とした。販売戦略は特約商社との庭先販売で東京相場とし新鮮卵が目玉だった。

会社組織ではないが部課制で80人の職員が組織化された。育雛課は月に5万羽育雛、屋外バタリー舎は管理一課、ケージ舎は管理二課、一日3千羽の食鳥処理場は処理販売課が担当し月間15台の鶏糞は鶏糞課が、飼料は飼料配合課が自家配合する。社宅や寮も備えていた。荻窪駅前の直販店で鶏卵、ブロイラーや加工食品の大場養鶏直販品で販売した（『養鶏新時代』 日本経済新聞地方部編 日本農林企画協会 1963）。これより少し前の昭和34年（1959）武蔵町寺竹（現在のミニ工業団地）に曽田牧場が進出し、武蔵種鶏場で米国雛の「ハイドルフ・ネルソン」と提携した。また、米国で登場し始めたウインドレス鶏舎の実用化を図った。さらに、本邦では見かけない豚の新品種（サドルバックなど）の導入も行われた。（専従職員 小松功三・談）

地域の鶏卵流通は、入間養鶏農協が組織され、東京青山の紀ノ国屋と専属年間契約した。夏は毎日2万個、冬でも3日毎に集卵出荷した。GPセンター（所沢市三ヶ島）で大玉小玉の規格化が図られ30ダース箱で出荷し電球で検卵が行われた。品質の維持に配合飼料を用い、農協が指定飼料を提供し集荷を行っている。この頃、規模拡大と環境から多くの養鶏家がこの地を目指して入植した。最大採卵羽数は昭和44年（1969）50万羽を超えた。市内戸数は750戸であった。

酪農では（有）神代牧場と（有）西村牧場が調布市から、先進的設備を備えた大規模経営で雇用労働力を備えていた。泊り込みで「渡りの搾り」の就労者もいた。八丈島からの浅沼牧場は、育成を島に委託し、連携して事業を展開し、牛は竹芝桟橋から船で往来し、八丈の港では牛をクレーンで吊り上げ移送したという。板橋区から山桐牧場が、瑞穂町から古川牧場が経営移転した。いずれも飼養頭数が30～80頭と多く、複式牛舎対尾式でミルカー搾乳が主流であった。酪農は採草地や放牧地を必要とし面積は大きかった。その後、牛乳の過剰生産による集荷制限や乳質基準の引き上げに対応しながら一部は肥育牛との複合経営に取り組み規模拡大は進んだ。国が取り組んだ学校給食需要は消費拡大に大きく貢献した。さらに、各経営体の明治・森永・名糖などミルクプラントとの直接取引は解消し、農協が進めるCS（クーラーステーション）の一元集荷多元販売方式への み込まれていった。また、市内藤澤の沢田畜産は、養豚から肥育牛に転換後、飛行場跡地へ１００頭規模の経営移転を図った。市内各地にあった土着酪農は、東京都から転入の二本木地区を含め経営数の減少が目立ち、金子地区三代目の神山牧場と比留間牧場が農地と有機的な結合を図り良質生産に励んでいる。また平成12年（２０００）の三宅島噴火の全島避難時には二本木地区酪農で島の乳牛を受け入れている。

養豚は、はじめは二つの形態があり、繁殖豚経営で多くは中ヨークシャー種またはこれの雑種を数頭飼養し、交配は種牡豚を所有する家畜商が交配して生まれた子豚を買い取り、肥育農家へ貸付ないし販売し成熟すると買い上げる契約飼育が行われていたが、取引の明朗化と主産地の形成で経済連の家畜市場が稼動すると、東京都や近県はじめ、宮寺の丸五畜産や藤澤の沢田畜産・金子の近藤畜産は市内の主力な購買者になった。もともと頭数確保に地元以外の神奈川・静岡・千葉方面へも足を延ばしていた。しかしながら輸入自由化や規模拡大から販売価格の低迷が起こり、増頭による利益より繁殖から行ういわゆる一貫化に転じ、これが主力の生産形態になっていった。一貫化が進み、市場出荷頭数は減少に向かった。それとともに都市近郊の特徴である残飯飼育が、臭気や衛生昆虫など環境問題と食肉の品質低下から次第に配合飼料の依存度が高くなった。東金子の小谷田で産声をあげた丸十産業（堤可夫社長）は、契約繁殖農家から素豚を導入し自家肥育のうえ、枝肉を加工し生産から流通を業とする経営方式をとった。肥育養豚場は飛行場跡地へ移転し、工業団地に組み込まれるまで存続した。枝肉処理は武蔵町農協東金子支店敷地内の狭山茶保冷貯蔵庫を一時利用し、その後は従業員が上小谷田に処理施設を開設して引き継いだ。堤社長は、養豚経営の指導的立場にあり、昭和41年（１９６６）町主催の畜産講習会で経営について、著者が防疫について講演し盛大であった。この年の農業センサスで入間市の豚と鶏は入間郡の約3割を占めていた。また、飛行場跡地の武蔵工業団地が認可された。管轄の家畜保健衛生所は、昭和42年（1967）に飯能から川越に統合された。特に金子・二本木・宮寺・藤澤地区内の畜産密度は高く、飛行場跡地への拡張移転が行われた。

家畜飼育は休日の無い継続労働で経営者への軽減が望まれ、ヘルパー制度へと発展した。また、一方で単純労働の清掃作業は、福祉面からの雇用就労の機会として二人のチームを組む例が多かった。特殊な事例として、昭和50年（1975）の旧南ベトナム政権崩壊でボートピープルの到来があり、幼児を連れた家族が飛行場跡地の養豚場従業員として短期間ながら就業した例がある。言語の不自由はゼスチャーで対応した。装飾貴金属が財産であるとして幼児から鼻や耳に穴を開けてつけるのが奇異に見えたが、今では若者のファッションとして見られる時代だ。

黒豚振興会（会長 西沢仙三　会員10名）は、昭和55年（1980）に藤澤地区を中心に組織化設立され、アメリカからのバークシャー種の導入（斉藤武久名誉会長が渡米して購入）を基に繁殖し、DNA鑑定や徹底した品質管理と防疫で販売活力を維持し、昭和56年度（1981）1200頭、57年度（1982）3600頭、58年度（1983）3900頭と実績をあげ、平成10年度（1998）は4529頭であった。「埼玉入間黒豚指定販売店」の証票をつけた30余の指定販売店を置き、差別化を図った。（入間市農協黒豚振興会総会資料）種豚導入からカット肉検定や消費者（生協）との懇談会やDNA鑑定も行った。全国養豚協会が発行する「日本の養豚 595号 2000年」に、佐藤達夫会員の「きめ細かな記帳を基に肉質向上」がグラビア写真入りで詳細に紹介された。入間・狭山・所沢・飯能・日高を含めて最大会員数は13人だった。

その後黒豚振興会は、平成24年度（２０１２）にＪＡから分離し、彩の国黒豚振興会への一部会員の移籍や飼育環境の変化で会員数は減少し品種を転換、令和元年（２０１９）組織的生産を終えた。彩の国黒豚は、現在埼北中心に県民の高い評価を得て少数精鋭で生産に励んでいる。

五　技術と立地の展開

酪農の初期における手搾りは、バケットによる機械搾乳になり、やがてパイプラインによるタンク式へ移行し、多数頭飼育を可能にした。集乳所への持ち込みから牛乳タンクローリーの巡回集乳になって現在に及んでいる。繁殖技術も人工授精の普及と技術革新でＥＴ（胚移植）が行われるが、乳用種への黒毛和種♂授精で交雑種（写真28）の生産が多い。多くは家畜市場へ出荷され肥育素牛となる。最近では、拡大選別精液が雌後継牛の産み分け目的に活用されている。また、多肥による畑地牧草の硝酸塩中毒の防止やハーベスターによる刈り取りやサイロの活用が行われている。さらに、抗生物質の残留や品質検査に農場ごと集荷時の牛乳サンプルの採取による検査は、日常欠かすことなく取り組まれている。自給飼料の生産はオーチャード・イタリアンライグラス・藁な

写真28　交雑種の子Ｆ１
ホルスタイン♀　×　黒毛和種♂　（1988）
子の毛色は全身黒が多い。肉質が良いので市場評価が高い。

どを調整し、デントコーンは青刈りやサイレージとして配合飼料とともに用いられる。

肉用牛の飼育は、戦後一時期普及したかに見えたが養豚に移行し本格的には牛乳過剰期から複合経営で本格化した。生きた牛の自由化で赤道を越えてオーストラリアから船で輸入され、現地検疫が行われた。昭和末期から平成初期に集団行動する放牧場育ちの野生に近いマレーグレー、アンガス、フリージアン、クロスと英文で書かれた品種を珍しい目で知った。品質は日本人の嗜好に向かずやがて後退し、交雑種や黒毛和種が好まれ生産品目の主力になった。金子の中村牧場は彩の国夢見牛のブランドで日本農業大賞に、藤澤の石田牧場は養豚から肥育牛に転換し農水大臣表彰に輝く。宮寺の石田牧場は大規模肥育養豚から肥育牛の循環型経営に取り組み、長谷川牧場は交雑種作成を行いながら酪農から肥育牛へ転換した（写真29）。

繁殖豚は多くがストール式であるが運動不足を解消するため平床で運動場につながっているか、最近では省力でストールに係留のままが多い。分娩舎は平床方式から高床方式と衛生的な仕組みへと効率が優先される。無窓式分娩舎も普及したが、換気不良で感染症の多発から減りつつある。一部には腹帯式係留の種豚管理も行われ注目されたが普及しなかった。肥育舎はスクレーパー自働除糞方式が普及した。肥育舎のオガ床方式で排泄物の発酵による除糞作業の省力化が行われた。しかしながら、7日~10日間隔で天地返しを行い発酵に合わせて大鋸屑（おがくず）を補給する必要があ

写真29　飼育の現場

良質産肉の肥育牛牧場（2021）
交雑種Ｆ１肥育牧場　藁と穀物肥育

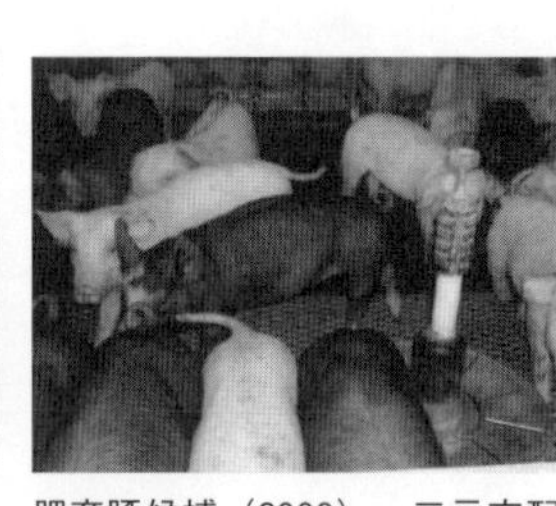

肥育豚候補（2009）　三元交配
不断給餌給水　密度が高い

三元の哺乳豚（2022）　授乳中
分娩柵で圧死を防止

り、発酵が不十分だと寄生虫（豚回虫）卵や細菌（ミコバクテリュウム）の温床になりかねない。また、白豚だと発酵色素が皮膚に付着して見栄えが悪い。さらに、資材の入手が一定でなく建築業界の景気に左右される。

昭和10年（1935）芝浦と場の開設記念博覧会に出品（中ヨークシャー種の閹（えん）（去勢雄の賞状表記）・東京都種畜場系の雌豚に金子公民学校（現在の金子小学校に併設した青年学校の前身）飼育の雄を交配した初産の子）した金子村中神の中村祐三は農林大臣賞を受賞した。金子村をあげて取り組み、リヤカーで搬入し泊り込みで世話をした。その後、種豚共進会も武蔵家畜市場などで行われ数々の成果（入間養豚のあゆみ）をあげたが、平成18年（2006）優良肉豚で二本木の長谷川（文雄）養豚が農林大臣賞を受賞した。また、平成29年（2017）NHKテレビ番組「キッチンが走る」の食材探訪番組で二本木の長谷川商事（和美）養豚が家族・母親と出演し、養豚の取り組みが茶（金子・池乃屋園）、椎茸（東金子・貫井園）とともに紹介され人気を博し、ふるさと納税に貢献している。二本木の田中養豚は父子二代にわたる繁殖経営から一貫経営に移行し徹底した飼育環境で良質生産の声が高い。金子の比留間（忠）養豚は夫婦で尽力し販売店には顔写真が飾られ、肉質は入間市農業まつりで絶賛評価を得た。他にも個性豊かな生産者が数多い。また、種豚品評会のあった頃、黒豚の優良品種の作出者東金子の斉藤畜産（愛作）は、鞭扱いに定評があり、運動に重きをおいた体型作りをした。

また、養鶏は庭先養鶏から農家養鶏の時期を経て、早くも昭和30年（1955）代には価格の低迷を迎えた。自給自足的な平飼いからバタリー方式へ、さらにケージ方式は多数羽飼育を可能にした。しかしながら動物福祉の考え方や有機農法との関連から品種の選別とともに自然農法としての平飼いが見直されてきた。渡り鳥による高病原性鳥インフルエンザの伝播は、特に重要で飼養管理基準の徹底が求められ野鳥や野生動物の侵入防止が基本で、ネットによる囲いや人の出入りが重要視されている。感染の防止のため平成22年（2010）の島根県より発生し拡大汚染の殺処分は要請により自衛隊も出動し迅速的確に行われた。毎年渡り鳥の季節、重点的に防疫処置が講じられる。

昭和36年（1961）自立経営を目指した農業基本法が制定され、あわせて畜産物価格安定法が成立し、その後も各種の支援振興策がとられてきた。近辺に茶園や園芸あるいは市民農園があり、畜産農家からの堆肥の有効利用を図り、良質生産品を供給する目的で堆肥利用促進事業や環境浄化事業が取り組まれている。外に向けて入間市養豚研究会は、JICAの縁でネパールの技術者や子ども達との学習支援や建設学校への畜舎の設計図の交流を図り、現地の子ども達から喜びの写真が送られてきた。あるいは豚コレラ防疫の変更時には生産者の熱意を持って市議会・県知事や国会・農水省への陳情等真剣な組織的取り組みが展開され実績を残した。家畜の守護神として名高い飯能の竹寺への参拝や市農業まつりの市民交流、酪農協会の大丹波川マスつりの研修親睦も慣例化した。しかしながら東京の衛星都市としての立地は、日ごとに厳しさを加え、規模拡大に適応の立地保有と後継者の存在が課題となり、廃業や他産業への転換が行われた。豊岡高倉地区では集乳所が閉鎖になり、豊岡東町（善蔵新田）市街化の拡張で市川牧場は発展的に日高町へ牧場移転した。最新式のローライン搾乳施設と運動場を備えていた。昭和61年（1986）2月、畜産総合対策事業で代表者が集合し静岡県視察を行い茶業と畜産の有機的な結合を研修視察し、市役所担当者の熱心な宿泊夜なべ学習があった。その後さらに、飛行場跡地の用途変更が浮上し、工業団地の拡張に伴い神代牧場が群馬県中之条町へ古川牧場が赤城山麓へ移転した。また、井上養鶏場は和牛繁殖牧場として群馬県へ移転し、それぞれに広大な牧場面積を保有し規模拡大が図られた。移転後、組合員で現地訪問し広大さに驚きながら激励した。平成17年（2005）の農林業センサスは、酪農9戸327頭、肉用牛6戸670頭、養豚13戸5859頭、養鶏7戸5万9400羽で農家数と飼育頭羽数は安定的に見える。

近くに茶園や園芸あるいは市民農園があり、畜産農家からの有効利用を図り、良質生産品を供給する目的で堆肥利用促進事業や環境浄化事業が取り組まれている。

貿易自由化の進行による価格の低迷を品質で補うにしても政策ＴＰＰの脅威や中国の飼料材需要増加は目の前の脅威となっている。さらに、就業者の高齢化と後継者の不足は、海外労働力の研修制度のありかたやコロナ感染症による労働力不足の現状がある。養豚・酪農・肥育牛・養鶏の各分野で経営を引き継いだ後継者たちが懸命に額に汗して働く頼もしい姿を忘れてはなるまい。

茶業は六次化のモデルであり、優れた農水大臣賞受賞工場の数が示している。海外へ打って出る輸出の取り組みが日本文化を柱に据えて、ＧＡＰの取得がある。農業法人経営による農地集積は拡大し大規模経営による大型機械化は時代即応的で頼もしい。令和４年（２０２２）に首都圏アグリファームの大型製茶工場が建設され、４ヘクタール／日の製造能力を持ち耕作面積70ヘクタールを抱える。なかでも「茶聖」の出現や「日本茶セレクション　パリ」で連続グランプリ受賞の「茶工房比留間園」の国際評価は地場産業狭山茶の大きな自信につながっている。金子台が「畜産と有機的に結合した多面的機能」と「加治丘陵さとやま自然公園」のコラボを基盤として武蔵野台地金子台の未来を担う。

（令和四年）

あとがき

地域の皆さんに支えられながら獣医業・農林業に基盤を置いて随分経った。祖霊の地で年輪を重ねてきた。国道16号線（東京環状線）が通過する立地はやがて圏央道が主幹路として機能するに及んで2本の路線は地域生産構造を革命的に変革した。入間野の物凄い様相の変遷にどっぷりつかり、動物を相手の仕事で日夜走り回りながら、地域の変遷を体験的に骨身に感じてきた。特に「陸軍狭山飛行場跡地」に首都圏食料基地として展開した多くの畜産用地は、既存宅地として工業生産用地に変革吸収され、今や首都経済活動の拠点に成長した。

最近ではカモシカなど多様な生物相を持つ金子山（加治丘陵）は高度成長期の開発を免れ、「さとやま自然公園」として狭山茶景観を俯瞰する多くの人々に愛されるウォーキング拠点となった。東京で教壇に立った頃、多くの若者たちと接し共に学びながら過ごした時間が思い出に輝いている。命の仕組みで実験動物を使いながら、若者が驚きの声をあげ、目を輝かせたときめきの時代は、命のありようを感謝の念を持って過ごした時代だ。家畜の生産を生業とする農家さんの必死の想いに応えられるよう、あるいはイヌ・ネコなどのペットと共生する市民生活で感染症を抑え、心身の癒やしにかかわれるゆとりを念じてきた。また野生動物の生活圏出没を関係者と対処してきた。風土が作り出した名産狭山茶が世界へ打って出る胎動の時期が来た。

日本獣医師会会誌編集委員会からコラムの執筆依頼を受けて書き続け、所属の埼玉県獣医師会会報の執筆からだとやがて25年になる。幸せなことに生活圏の千年の里で山野の仕事の合間に筆を執り続けることができた。日本獣医師会元会長の館澤円之助先生には学生時代に進学の選択で、五十嵐幸男先生には公私にわたり懇切なご指導をいただき、記事やコラム執筆に当たっては駒田逸哉さんや榊原早苗さん、石川萌子さんらの心温まるご支援をいただいた。さらに、理解し惜しまず協力してくれた妻の栄子と家族に感謝します。

今回の出版に当たり、さきたま出版会星野和央会長さんはじめ五郎誠司さん、八島有里さんに大変お世話になりました。

なお文中表現は出典に準拠しています。身近な生活でシャッターを押した瞬時の記録をあらたに添えました。つぎの方々に挿入写真のご協力をいただきました。ありがとうございました。

常岡春雄　上原久江　坂本尚生　渡辺房治　矢部 博（順不同敬称略）

令和五年七月

比留間 一男

比留間一男　Hiruma Kazuo　1937年埼玉県入間市生まれ。

獣医師。動物診療と農林業に従事・公益社団法人埼玉県獣医師会所属・公立学校で講座を担当。県傷病野生鳥獣保護診療・加治丘陵さとやま自然公園保全に関与。全国家畜畜産物衛生指導協会専門委員、日本獣医師会雑誌コラム欄執筆を担当。日本獣医史学会評議員など。

著書　『ふるさとの系譜』(1978)『二宮金次郎像と報徳訓碑』(2004)『上谷ヶ貫村誌考』（2008）『動物かかわり記』（2010）など

「加治丘陵さとやま自然公園」麓で暮らす
いるまの動物風土記

二〇二三年十月二十日　初版第一刷発行

著　者　比留間一男

発行所　株式会社さきたま出版会
〒336-0022
さいたま市南区白幡3-6-10
電　話・048-711-8041

印刷・製本　関東図書株式会社

●落丁本・乱丁本はお取替いたします
●定価はカバーに表示してあります

　ISBN978-4-87891-491-1　C0040